U0176572

中华生活经典

茶　经

【唐】陆　羽　著
杜　斌　评注

中华书局

图书在版编目(CIP)数据

茶经/(唐)陆羽著;杜斌评注. —北京:中华书局,2020.4
(2024.7重印)
(中华生活经典)
ISBN 978-7-101-14471-0

Ⅰ.茶… Ⅱ.①陆…②杜… Ⅲ.①茶文化-中国-古代②
《茶经》-译文③《茶经》-注释 Ⅳ.TS971.21

中国版本图书馆 CIP 数据核字(2020)第 049152 号

书　　名	茶　经
著　　者	〔唐〕陆　羽
评 注 者	杜　斌
丛 书 名	中华生活经典
责任编辑	张彩梅
装帧设计	毛　淳
责任印制	陈丽娜
出版发行	中华书局
	(北京市丰台区太平桥西里 38 号　100073)
	http://www.zhbc.com.cn
	E-mail:zhbc@zhbc.com.cn
印　　刷	河北博文科技印务有限公司
版　　次	2020 年 4 月第 1 版
	2024 年 7 月第 4 次印刷
规　　格	开本/710×1000 毫米　1/16
	印张 13　字数 140 千字
印　　数	18001-21000 册
国际书号	ISBN 978-7-101-14471-0
定　　价	33.00 元

前　言

中国是茶的故乡,茶文化的发源地。传说"茶之为饮,发乎神农",有文字记载的饮茶历史也有数千年之久。如今全球已有五十多个国家种茶,一百六十多个国家与地区的二十多亿人在饮茶。可以说茶的发现与利用是中华民族对人类文明的一大重要贡献。

要想全面了解茶文化,首先要了解陆羽的《茶经》。它是中国古代茶文化史上的一部巨著,也是世界上第一部茶学专著,在中国以及世界茶文化史上占有无可比拟的重要地位,是研究茶文化史不可或缺的重要典籍。

陆羽其人

陆羽(约733—约804),字鸿渐,一名疾,字季疵,自称桑苎翁,又号东岗子、竟陵子,世称陆处士、陆文学、陆三山人、东园先生等。复州竟陵(今湖北天门)人。据《新唐书·隐逸传》记载:"不知所生,或言有僧得诸水滨,畜之。既长,以《易》自筮,得《蹇》之《渐》,曰:'鸿渐于陆,其羽可用为仪。'乃以陆为氏,名而字之。"

据《文苑英华·陆文学自传》记载,陆羽三岁就成了孤儿,被竟陵龙盖寺住持智积禅师收养在寺院里。智积禅师让他阅读佛经以及宣扬超脱人世、摆脱世事束缚的书籍,然而陆羽却一心向往儒学。智积禅师屡劝不从,于是令他打扫寺院、清洁僧人厕所、用脚踩泥涂墙壁、背瓦片盖屋顶、牧牛等以示惩戒,但陆羽坚持学习儒家经典的信念却毫未动摇。在繁重的劳作之余,陆羽仍然坚持学习。因没有纸,陆羽用竹枝在牛背上画着学写字。智积禅师知道了陆羽坚持学习这件事后,唯恐陆羽受到佛经以外书籍的影响,离佛教教义越来越远,就将他管束在寺院里,让他修剪寺院杂乱的草木,并让年龄大的徒弟看管他。有时陆羽因诵读经书精神恍惚,看管的人认为他懒惰而用鞭子抽打他的背,直到鞭子打断为止。陆羽因此感叹:"岁月往矣,奈何不知书。"陆羽因为厌倦繁重的劳役和人身不自由的状况,于天宝元年(742)逃离了寺院。陆羽随后投靠戏班,从事优伶之业,弄木人、假吏、藏珠之戏,并将平时演戏的角本、民间滑稽故事等整理搜集,著有《谑谈》三篇。

唐玄宗天宝五载(746),楚地人聚饮于沧浪之洲,当地官吏召陆羽为伶正之师。时任河南府尹李齐物谪守竟陵,在聚会中见到陆羽,握手抚背,亲手把自己的诗集赠予他。后来李齐物举荐陆羽到火门山(今湖北天门北)邹夫子门下读书,陆羽这才得以接受正规的教育。天宝十载(751),陆羽离开邹夫子,结束了五年的学习生涯。天宝十一载(752),礼部郎中崔国辅被贬为竟陵司马,与陆羽结识。两人交游三年,经常"相与较定茶、水之品"。临别时,崔国辅特地赠送陆羽白驴、乌犎牛各一头,以及文槐书套一枚。这些物品都是崔国辅所珍视的,由此可见二人交情之深。

天宝十四载(755),安史之乱爆发。唐肃宗至德元载(756),士人多渡江向南以避战祸,陆羽也随流民渡江南行。至德二载(757),陆羽至无锡,品惠山泉水,结识了时任无锡尉的皇甫冉。行至吴兴时,结识了皎然和尚,二人同为茶道中人,一见如故,遂结为"缁素忘年之交"。乾元元年(758),陆羽与皇甫冉在南京栖霞寺采茶时相遇。皇甫冉与陆羽离别之时,作《送陆鸿渐栖霞寺采茶》诗:"采茶非采菉,远远上层崖。布叶春风暖,盈筐白日斜。旧知山寺路,时宿野人家。借问王孙草,何时泛碗花?"唐肃宗上元元年(760),陆羽"更隐苕溪,自称桑苎翁,阖门著书"。唐代宗大历二年(767)至三年(768)间,陆羽常在常州义兴县(今江苏宜兴)君山一带访茶品泉,他建议常州刺史李栖筠上贡阳羡茶。大历七年(772),颜真卿任湖州刺史,由此湖州文坛品茶吟诗等茶事活动达到了高潮。大历八年(773)三月,陆羽应颜真卿之邀参与重修《韵海镜源》。这年冬天,《韵海镜源》编纂完成,颜真卿在湖州东南建新亭以示纪念,因在癸丑年、癸卯月、癸亥日竣工,陆羽名之为"三癸亭"。皎然作《奉和颜使君真卿与陆处士羽登妙喜寺三癸亭》以记之。

大历十二年(777),颜真卿离任湖州,陆羽也开始了新的游历。建中三年(782),陆羽移居江西。唐德宗贞元元年(785),陆羽到信州(今江西上饶)茶山,与孟郊交游唱和。贞元二年(786),到洪州(今江西南昌)玉芝观、庐山等地,与权德舆、戴叔伦等人交游唱和。贞元五年(789)后,陆羽入岭南节度使李复幕府担任幕僚。贞元九年(793),陆羽由岭南返回杭州,与灵隐寺道标、宝达禅师交游唱和,自此以后行迹不明。陆羽死后葬于杼山,其墓与皎然塔相对。

陆羽在文学、史学、茶学以及地理、方志等方面都取得很大成就。据《陆文学自传》记载,陆羽著有《君臣契》三卷、《源解》三十卷、《江表四姓谱》八卷、《南北人物志》十卷、《吴兴历官记》三卷、《湖州刺史记》一卷、《茶经》三卷、《占梦》三卷,在当时曾产生一定影响,皇帝征召他为太子文学、太常寺太祝,皆不就职。

《茶经》的成书过程

陆羽被竟陵龙盖寺智积禅师收养后,幼年就在寺中为智积禅师煮茶,因其所煮茶适合智积禅师的口味,以致后来陆羽离开龙盖寺后,智积禅师不再喝其他人煮的茶。幼年这段经历对陆羽后来的茶事影响至深,它不仅培养了陆羽的煮茶技术,更激发了陆羽对茶的无穷兴趣。

关于《茶经》的成书时间,学界有上元二年(761)以前、广德二年(764)、大历十年(775)、建中元年(780)四种说法。第一种说法是根据上元二年(761)陆羽《陆文学自传》一文中提及所列著作已有《茶经》三卷,由此说明《茶经》成书于陆羽撰写自传之前。日本学者布目潮沨先生考证《茶经·八之出》所列产茶州县地名均为758—761年所改，因此推断《茶经》初稿形成于761年以前。第二种说法根据《茶经·四之器》记载陆羽自制风炉，其足铭文有"圣唐灭胡明年铸"，"圣唐灭胡"即指763年平定安史之乱，陆羽于764年铸风炉，当然也可看作是对《茶经》的一次修订。第三种说法是陆羽在大历八年（773）应颜真卿之邀担任《韵海镜源》编撰工作时，接触到大量新的文献资料，这有助于补充修订《茶经》中关于历史、文学、医药、人物等相关的资料。因此陆羽在完成《韵海镜源》编撰工作后，于大历十年（775）又对《茶经》进行第二次修订。第四种说法，建中元年（780）指的是《茶经》的正式刊行时间。主要依据是此后陆羽移居江西、湖南、广东等地，却未如在浙江湖州时那样将所经历地区的茶产细致记入《茶经·八之出》的小注文中，说明未再修订，即使修订也未能刊刻行世。

以上四种说法各有依据，可以肯定的是，《茶经》在完成初稿后的近二十年来，一直在不断修订、补充和完善，而且初稿和修订稿都曾在社会中广为流传，但最终修订完成不会晚于780年。

《茶经》的内容

《茶经》是我国第一部系统总结唐代及唐代以前有关茶事的综合性著作。全书分为上、中、下三卷，共十章，七千多字。

上卷三章，分别为"一之源""二之具""三之造"。"一之源"主要论述了茶树的形态、植物性状、"茶"字的构造及其名称、茶树的生长环境、栽培方法、饮茶对人体的保健作用，也提到了茶叶采摘、制造不及时对人体造成的危害等。"二之具"详细介绍了采茶、蒸茶、压制饼茶、封藏饼茶的十多种器具，从形状、质地、尺寸到用法、功能——详细说明。"三之造"论述了茶叶的采摘时间、采制方法以及成品茶的外形特征与鉴别方法。中卷一章，为"四之器"。详细介绍了风炉、灰承、筥、炭挝、火筴、镀、交床、夹、纸囊、碾、拂末、罗合、则、水方、漉水囊、瓢、竹筴、鹾簋、揭、熟盂、碗、畚、纸帊、札、涤方、滓方、巾、具列、都篮等煮茶和饮茶用具，每种煮茶和饮茶用具都写明制作原料、制作方法、规格及其用途。下卷六章，分别为"五之煮""六之饮""七之事""八之出""九之略""十之图"。"五之煮"详细介绍了唐代茶汤完整的煮饮程式。其先用火烤炙、再蒸捣成末、然后再用炭火择水烹煮取饮。"六之饮"详细论述了饮茶的现实意义、饮茶的风俗和饮茶的方式方法，重点分析"茶有九难"及正确的品饮方法。"七之事"比较全面地收集了有史以来至初唐的有关茶的历史文献资料四十八则，按其内容可分为医药、史料、诗词歌赋、神异、注释、地理和其他七类。"八之出"论述了唐代全国名茶产地和茶叶品质高低。作者实地考察以及亲身体验的地区记之较详，而对未曾到过并进行实地考察的地区，则称"未详""往往得之，其味极佳"，由此体现作者客观诚实的科学态度。"九之略"论述了在一定条件下怎样省略茶叶采制工具和饮茶用具。在放松自由的山林里，运用茶具要讲求灵活性，器具足用即可，"但城邑之中，王公之门，二十四器阙一，则茶废矣"，说明王公贵族之家，只有完整使用全套茶具，茶道才能存而不废。"十之图"中要求将全书内容在白绢上写录下来，挂在室内观看，使其内容"陈诸座隅""目击而存"，既便于记诵，又便于欣赏，实际上是指明《茶经》的传播方式和途径。

《茶经》的版本

《茶经》自问世以来，历代传抄刊刻不绝。据宋陈师道《〈茶经〉序》记载："陆羽《茶经》，家书一卷，毕氏、王氏书三卷，张氏书四卷，内外书十有一卷。其文繁简不同。"据不完全统计，截至民国时期，《茶经》版本有六十多种，现存的自宋代至民国的版本约有五十余种。宋时磊《唐代茶史研究》中说："《茶经》的版本流传可分为抄本和刊本,刊本按形式可分为丛书本、独立刊本、附刊本三种,按内容可分为初注本、无注本、增注本、增释本和删节本五种。"丛书本,现存最早的版本是南宋咸淳九年(1273)左圭的《百川学海》本,后又有《百家名书》本、《格致丛书》本、喻政《茶书》本、《重订欣赏编》本、《清媚合谱》本、《唐宋丛书》本、《五朝小说大观》本、《唐人百家小说》本、《稗史汇编》本、宛委山堂《说郛》本、《古今图书集成》本、《四库全书》本、《唐人说荟》本、《学津讨原》本、《植物名实图考》本、《湖北先正遗书》本、《丛书集成初编》本等。独立刊本如明嘉靖二十一年(1542)柯双华竟陵本、万历十六年(1588)程福生竹素园陈文烛校本、万历十六年(1588)孙大绶秋水斋刊本、明乐元声倚云阁刻本、明汤显祖《别本茶经》本、清雍正七年(1729)仪鸿堂本、民国西塔寺常乐刻《陆子茶经》本等。附刊本如清雍正十三年(1735)陆廷灿寿椿堂《续茶经》之《原本茶经》本、道光元年(1821)《天门县志》附刊《陆子茶经》本等。

另外,《茶经》也流传到日本、韩国、美国、意大利、法国、德国等国。据日本京都大学森鹿三教授《中国茶书的日本传入》一文中称,1191年7月荣西从宋国携带其手写的《茶经》入日本,这是《茶经》引入日本的开端。日本学者布目潮沨认为明代万历年间,日本开始出版《茶经》的单行本。日本元禄五年(1692)《文益书籍目录》录有春秋馆发行的《茶经》两册,这是最早的日语版《茶经》。韩国的版本有崔凡述《韩国之茶道》本、韩雄斌《茶文化之研究》资料本、徐延柱《茶经》本、金荣学《韩国茶文化》本、李圭正《茶经》刊本、金明培《茶经》刊本等。美国有威廉·乌克斯《茶叶全书》本、弗郎西斯·卡朋特《茶经》本,英国有《大百科全书》本,意大利有《陆羽〈茶经〉》本,另外法国和德国也有《茶经》译本。

《茶经》的影响和意义

《茶经》是世界上第一部茶学专著,被奉为茶文化的经典,在茶文化史上有无可

目 录

茶经

卷上

一之源

　　茶者，南方之嘉木也①。一尺、二尺乃至数十尺②。其巴山峡川③，有两人合抱者，伐而掇之④。其树如瓜芦⑤，叶如栀子⑥，花如白蔷薇⑦，实如栟榈⑧，蒂如丁香⑨，根如胡桃⑩。瓜芦木，出广州⑪，似茶，至苦涩。栟榈，蒲葵之属⑫，其子似茶。胡桃与茶，根皆下孕⑬，兆至瓦砾⑭，苗木上抽。

【注释】

　　①嘉木：美好的树木。

　　②尺：唐代所用之尺有大尺、小尺之分，其大尺长约 29.71 厘米，这是据国家博物

百川学海本《茶经》书影

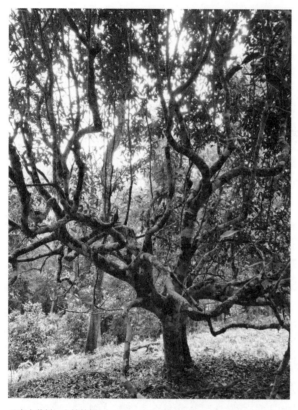

云南古茶树　土妹拍摄

馆藏 1958 年出土于湖北武昌何家垄唐墓之龙纹铜尺实测得出的。《唐六典》卷三记载："凡度，以北方秬黍中者一黍之广为分，十分为寸，十寸为尺，一尺二寸为大尺，十尺为丈。……凡积秬黍为度、量、权衡者，调钟律，测晷景，合汤药及冠冕之制则用之，内外官私，悉用大者。"数十尺：高数米乃至数十米的大茶树。在我国西南地区发现了众多的野生茶树，它们一般高几米到十几米不等，树龄多在一两千年以上。

③巴山峡川：指四川东部、湖北西部地区。巴山，大巴山的简称。广义的大巴山，指绵延在甘肃、四川、重庆、陕西、湖北五省市边境山地的总称；狭义的大巴山仅指汉江支流任河谷地以东，重庆、陕西、湖北三省市边境的山地。峡川，一指巫峡山，即巫山，主要指横贯湖北、重庆、湖南交界一带，东北—西南走向的连绵群峰；二指峡州，在三峡口，治所在今湖北宜昌。

④伐而掇之：高大的茶树需要砍掉其枝条，才能采摘茶叶。伐，砍下枝条。掇，拾拣。

⑤瓜芦：皋芦的别称，又称高芦、皋卢等。叶状如茶而大，味浓较苦，药用可治积

枝繁叶茂的古茶树　罗安然拍摄

热、消胀、久泻或心脾不适等症。

　　⑥栀子:常绿灌木或小乔木。夏秋结果实,生青熟黄,可做黄色染料。也可入药,性寒味苦,有解热消炎作用。

　　⑦白蔷薇:落叶灌木。具有观赏价值,可以提取香精。

　　⑧栟榈(bīng lú):即棕榈。常绿乔木。棕衣可制绳索、床垫等,叶可编帽子、制扇。

　　⑨丁香:常绿乔木。因花形甚小,有如鸡舌,故亦称为"鸡舌香"。花蕾及其精油为重要香料,均可入药,有芳香健胃、祛风及兴奋作用。

　　⑩胡桃:落叶乔木。木材坚韧,可以做器物。果仁可吃,亦可榨油及入药。又称核桃。

　　⑪广州:今属广东。三国吴黄武五年(226)分交州南海、苍梧、郁林、高梁四郡

栀子   茗（茶）

棕榈   丁香   胡桃

置广州,治所在广信县(今广西梧州)。不久废。吴永安七年(264),复置广州,治番禺(今广东广州)。统辖十郡,南朝后渐缩小。隋大业三年(607)改为南海郡。唐乾元元年(758)复为广州,治南海县(今广东佛山)。

⑫蒲葵:常绿乔木。叶可做扇。

⑬下孕:植物根系在土壤中往地下深处发育滋生。

⑭兆:原指龟甲烧后的裂纹。此指茶树生长时根系将土壤撑裂。瓦砾:破碎的砖头瓦片。引申指硬土层。

【译文】

茶树,是我国南方的优良树种。高度在一尺、二尺甚至几十尺不等。在巴山峡川一带,有需两个人才能合抱的大茶树,要砍掉其枝条,才能采摘茶叶。茶树的外形像瓜芦木,叶子像栀子叶,花朵像白蔷薇花,果实像棕榈子,蒂像丁香蒂,根像胡桃根。瓜芦木产于广州,外形像茶,味道极为苦涩。栟榈属蒲葵类植物,其种子很像茶籽。胡桃和茶树的根系都向下很深处生长,碰到硬土层时,苗木才开始向上生长。

茶籽萌发过程示意图(转载自陈宗懋、杨亚军主编《中国茶经》,上海文化出版社 2011 年版)

其字,或从草,或从木,或草木并。从草,当作"茶",其字出《开元文字音义》①。从木,当作"槚",其字出《本草》②。草木并,作"荼"③,其字出《尔雅》④。

【注释】

①《开元文字音义》:唐玄宗于开元二十三年(735)组织编定的字书,三十卷,已佚。

②《本草》:指唐高宗显庆四年(659)苏敬等二十三人受命重修的《新修本草》,共五十四卷,又称《唐本草》。此书以陶弘景所注《本草经集注》为基础,增补注文与新药。补注内容中,以记载药物形态、产地为多,兼述药效、别名等。书中纠正陶氏谬误处甚多,为后世辨正药物基原提供依据。《新修本草》是我国第一部由政府颁布的药典,也是世界上最早的药典。原书已佚,主要内容保存于后世诸家本草著作中。

《尔雅》书影

③荼:"茶"之古字,始见于《尔雅·释木》:"槚,苦荼。"宋王观国《学林》卷四载:"此荼字读音宅加切。《广韵》曰:'荼,宅加切,苦荼也,亦作搽,俗作茶。'然则宅加切者,本亦用荼字,而俗书为茶,下从木,非字法也。书史沿袭,遂用荼字,盖与苦菜之荼相避也。"宋魏了翁《邛州先茶记》更加申论:"且茶之始,其字为'荼'。如《春秋》书'齐荼',《汉志》书'荼陵'之类。陆、颜诸人虽已转入茶音,而未敢辄易字文也。……惟自陆羽《茶经》、

卢仝《茶歌》、赵赞《茶禁》以后,则遂易'荼'为'茶'。"

④《尔雅》:我国第一部内容和体例都比较完备的汉语词典,被儒家奉为经典之作,列入十三经之中。相传为周公所撰,或谓孔子门徒解释六艺之作。实际应当是由秦汉间经师学者缀辑周汉诸书旧文,递相增益而成,非出于一时一手。传世《尔雅》有《释诂》《释言》《释训》等十九篇,在词典学、词汇学、训诂学、文化学、自然科学等研究领域中都有着较高的学术价值。

【译文】

"茶"字的结构,或从草部,或从木部,或者草、木两部兼从。从草部,应当写作"茶",这个字出自《开元文字音义》。从木部,应当写作"槚",这个字出自《唐本草》。草、木两部兼从,应当写作"荼",这个字出自《尔雅》。

其名,一曰茶,二曰槚①,三曰蔎②,四曰茗③,五曰荈④。周公云⑤:"槚,苦荼。"扬执戟云⑥:"蜀西南人谓茶曰蔎。"郭弘农云⑦:"早取为茶,晚取为茗,或一曰荈耳。"

【注释】

①槚(jiǎ):茶的别称。《尔雅·释木》:"槚,苦荼。"晋郭璞注云:"树小似栀子,冬生叶,可煮作羹饮。今呼早采者为茶,晚取者为茗。"

②蔎(shè):本为香草名。南朝梁顾野王《玉篇》:"蔎,香草也。"此为茶的别称。西汉扬雄《方言》:"蜀西南人谓茶曰蔎。"今苗、彝、侗、瑶族仍如此称。

③茗:茶的别称。《说文解字》中原无此字,宋徐铉校订时补入,谓:"茗,茶芽也,从艸,名声,莫迥切。"

④荈(chuǎn):茶的别称。一指茶之老叶,南北朝《魏王花木志》:"茶,叶似栀子,可煮为饮,其老叶谓之荈,嫩叶谓之茗。"二指晚采之叶,明陈继儒《枕谭》:"茶树初采为茶,老为茗,再老为荈。"

陆羽
味水情何淡居座
音宗同
十竹斋

《十竹斋画谱》中的陆羽像

⑤周公：姓姬名旦，周武王之弟。因以周地（今陕西岐山北）为其采邑，故称周公。曾助武王伐纣。建周翌年，武王死，辅成王摄政。东征平息"三叔"（管叔、蔡叔、霍叔）勾结武庚的反叛，大力推行封建诸侯的政策，并损益殷礼，"制礼作乐"，建立起以"立子立嫡之制"为基础的宗法等级制度，即所谓"周礼"。又总结殷亡教训，改造殷人的宗教天命观，提出宗教、政治、道德三者融为一体的思想体系。

⑥扬执戟：即扬雄（前53—18），亦作"杨雄"，字子云，西汉蜀郡成都（今属四川）人。幼而好学，喜沉默深思。中年以后，官拜给事黄门郎。王莽时，校书天禄阁。一生贫穷，交游甚少，以文章名世。早年醉心辞赋，铺张扬厉，极尽雕琢之能事。后来有所悔悟，遂改而研究经学。仿《论语》作《法言》，仿《易经》作《太玄》。又著《方言》《训纂篇》等语言学书籍。扬雄曾任郎官，秦汉郎官如中郎、侍郎、郎中，皆于殿门执戟宿卫，故称扬雄为扬执戟。

⑦郭弘农：即郭璞（276—324），字景纯，河东郡闻喜（今属山西）人。好古文、奇字，精天文、历算、卜筮，擅诗赋，是游仙诗的祖师。曾为《尔雅》《方言》《山海经》等作注。郭璞因劝阻王敦谋反被害，王敦事平，被追赠弘农太守，故世又称郭弘农。

【译文】

茶的名称：第一为茶，第二为槚，第三为蔎，第四为茗，第五为荈。周公说："槚，就是苦茶。"扬雄说："蜀地西南的人称茶为蔎。"郭璞说："早采摘的称为茶，晚采摘的称为茗，或称为荈。"

其地，上者生烂石①，中者生砾壤②，下者生黄土③。艺而不实，植而罕茂④。法如种瓜⑤，三岁可采。野者上，园者次。阳崖阴林⑥，紫者上，绿者次；笋者上⑦，芽者次⑧；叶卷上，叶舒次⑨。阴山坡谷者，不堪采掇，性凝滞⑩，结瘕疾⑪。

【注释】

①烂石：碎石。此指经过长期风化以及自然的冲刷，集聚在山谷石隙间的含有丰富腐殖质和矿物质的土壤。这种土壤土层较厚，排水性能好，肥力丰沃，适于茶树生长发育。

②砾壤：指砂质土壤或砂壤。这种土壤中含有风化或半风化的碎石、砂粒，排水透气性能较好，含腐殖质不多，肥力中等。

③黄土：指黄壤或红壤，土层深厚，长期被淋洗，黏性重，含腐殖质和茶树生长所需矿物原料少，肥力低。

④艺而不实，植而罕茂：种植茶树时如果土壤不踩踏结实，茶树很少能生长得茂盛。艺，种植。实，结实，充满。

⑤法如种瓜：北魏贾思勰《齐民要术·种瓜第十四》："凡种法，先以水净淘瓜子，以盐和之。先卧锄，搂却燥土，然后掊坑，大如斗口。纳瓜子四枚、大豆三个于堆旁向阳中。瓜生数叶，掐去豆。多锄则饶子，不锄则无实。"

⑥阳崖：向阳的山崖。山南曰阳。阴林：茂林。因树木众多，浓荫蔽日，故称。

⑦笋者上：芽头肥硕长大，状如竹笋，成品茶质好。笋者，指茶的嫩芽。

⑧芽者次：指新梢叶片已经开展，或茶树生机衰退，对夹叶多，表现为芽头短促瘦小，成品茶质差。

⑨叶卷上，叶舒次：新叶初展，叶片成卷状的质量好，叶片舒展平直的质量差。

⑩凝滞：凝结不散。

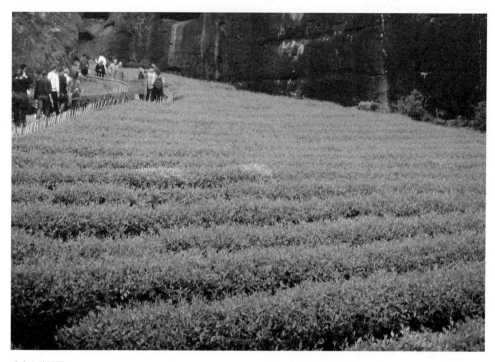

武夷山茶园图

⑪痕(jiǎ)疾:腹中结块的病。瘕,腹中肿块。明张自烈《正字通》:"症瘕,腹中积块,坚者曰症,有物形曰瘕。"

【译文】

茶树生长的土壤,以岩石充分风化的烂石土壤为最好,含有碎石的砂壤为次,土质松软的黄色黏土最差。如果种植茶树时土壤不踩踏结实,植株很少能生长得茂盛。种植茶树的方法和种瓜一样,种后三年即可采摘。茶叶的品质,以山野间自然生长的为好,在园圃人工栽种的稍差。在向阳山崖,林荫覆盖下生长的茶树,芽叶呈紫色的为好,呈绿色的稍差;茶的嫩芽肥硕长大、状如竹笋的为好,芽头短促瘦小的较次;叶片成卷状的质量好,舒展平直的质

佚名《唐人宫乐图》(摹绘)

　　以工笔重彩描绘了唐代宫廷仕女奏乐、品茗、赏曲的生活场景。画面桌案的周围坐着仕女十人,一个个高挽发髻,衣着华丽,姿态雍容。演奏者由左及右手持胡笛、琵琶、古筝与笙,另有一位侍立在后面击打拍板。桌案上陈列着蔬果、茶具,正中置一大茶铛,一仕女正手持一长柄茶勺,向自己茶盏舀入茶汤。她左边的仕女,正手持茶盏,似乎因听曲入迷而暂时忘却饮茶。对面一仕女正在啜茶,侍女在身后轻轻扶持,似乎担心其醉茶如醉酒。其余仕女或手执纨扇,品茗赏曲,神态各异。

　　据考证,《唐人宫乐图》完成于晚唐,当时茶圣陆羽《茶经》已完成,唐朝京城西安、东都洛阳以及荆州、渝州一带,"比屋"而饮,饮茶之风已非常盛行。从这幅《唐人宫乐图》中可以看出,茶汤是煮好后放到桌案上的,之前备茶、炙茶、碾茶、煎水、投茶、煮茶等都应是由侍女们在另外的场所完成。饮茶时用长柄茶勺将茶汤从茶铛中盛出,舀入茶盏饮用。茶盏为碗状,有圈足,便于把持。从上述这些细节可以看出,饮茶方式已经由唐朝以前粗放式煮饮法转变为陆羽《茶经》所提倡的"煎茶法"了。

量差。生长在背阴的山坡或山谷的品质不好,不值得采摘,因为它的性状凝结不散,饮用后会使人得腹中结块的病。

茶之为用,味至寒,为饮,最宜精行俭德之人①。若热渴、凝闷、脑疼、目涩、四支烦、百节不舒②,聊四五啜,与醍醐、甘露抗衡也③。

【注释】

①精行:规矩的行为。此指行事而言,茶人应该严格按照社会道德规范行事,不逾轨。俭德:俭约的品德。此就立德而言,茶人应该时刻恪守传统道德精神,不懈怠。

②百节:指人体各个关节。《吕氏春秋·开春》:"饮食居处适,则九窍百节千脉皆通利矣。"

③醍醐(tí hú):古时指从牛奶中提炼出来的精华,味道甘美,可以入药。《大般涅槃经·圣行品》:"譬如从牛出乳,从乳出酪,从酪出生酥,从生酥出熟酥,从熟酥出醍醐。醍醐最上,若有服者,众病皆除,所有诸药,悉入其中。"甘露:甘美的露水。抗衡:对抗,匹敌。

【译文】

茶的功用,因为它的味至寒,作为饮料,最适宜品行端正有节俭美德的人饮用。如果发烧口渴、胸闷、头疼、眼涩、四肢无力、各个关节不畅,喝上四五口茶,其效果同喝了醍醐与甘露不相上下。

采不时,造不精,杂以卉莽①,饮之成疾。茶为累也②,亦犹人参。上者生上党③,中者生百济、新罗④,下者生高丽⑤。有生泽州、易州、幽州、檀州者⑥,为药无效,况非此者!设服荠苨⑦,使六疾不瘳⑧。知人参为累,则茶累尽矣。

【注释】

①卉莽:野草的美称。

②累:过失,妨害。

③上党:唐时郡名,治所在今山西长治、长子、潞城一带。

④百济:古国名,在今朝鲜境内。《周书·异域上》:"百济者,其先盖马韩之属国,夫馀之别种。"新罗:古国名,在今朝鲜半岛东南部。初称徐罗伐,后称斯罗、斯卢或鸡林。《旧唐书·东夷列传》:"新罗国,本弁韩之苗裔也。……西接百济,北邻高丽。"

⑤高丽:又称高丽王朝、王氏高丽,是朝鲜半岛古代国家之一。

人参各品种

⑥泽州:隋开皇初(581)以建州改置,治高都县(今山西晋城东北)。大业初改为长平郡。唐武德元年(618)别置泽州,贞观元年(627)移治晋城县(今山西晋城)。易州:隋开皇元年(581)改南营州置,治今河北易县。开皇十六年(596)置易县,为易州治,因境内易水得名。大业初改上谷郡。唐武德初改为易州。天宝、至德年间又曾改上谷郡。幽州:唐方镇名。先天二年(713)置幽州节度经略镇守使,治所在幽州(今北京西南部)。檀州:隋开皇十六年(596)置,治燕乐县(今北京密云东北)。大业三年(607)改为安东郡。唐武德元年(618)复为檀州,移治密云县(今北京密云)。天宝元年(742)改为密云郡,乾元元年(758)复为檀州。

⑦荠苨(jì nǐ):药草名。根味甜,可入药。明李时珍《本草纲目·草之一·荠苨》(集解)引陶弘景曰:"荠苨根茎都似人参,而叶小异,根味甜绝,能杀毒。以其与

民国杨无恙《拂水煎茶图》

　　从画面题款可知，这是杨无恙在丁亥（1947年）黄梅时节，在拂水山中与无相道人煎茶品茗后，兴之所至，挥毫而作。此画体现高人雅士在山林间等自然环境中的饮茶风尚。画中有东坡提梁壶、茶炉、羽扇和一枝青松，这正如陆羽在《九之略》中所讲，对于身处山林之中者，则讲究运用茶具的灵活性，器具足用即可。题诗引用宋诗人苏轼的《游诸佛舍，一日饮酽茶七盏，戏书勤师壁》诗："示病维摩元不病，在家灵运已忘家。何须魏帝一丸药，且尽卢仝七碗茶。"说明茶具有消病忘忧，使人神清气爽的功效。

毒药共处,毒皆自然歇,不正入方家
用也。"

⑧六疾:指寒疾、热疾、末(四肢)
疾、腹疾、惑疾、心疾六种疾病。《左
传·昭公元年》:"淫生六疾……阴
淫寒疾,阳淫热疾,风淫末疾,雨淫
腹疾,晦淫惑疾,明淫心疾。"后用以
泛指各种疾病。瘳(chōu):病愈。

【译文】

茶叶如果采摘不合时节,制作技法
不精细,且夹杂着野草,喝了就会生病。
茶对人产生的妨害,也如同人参。上等

荠苨　　　　　人参

的人参出产在上党,中等的人参出产在百济、新罗,下等的人参出产在高丽。出产在泽州、易
州、幽州、檀州的人参,作为药用没有任何疗效,更何况还有不如它们的呢!假如误把荠苨当
人参服用,将使疾病不得痊愈。明白了人参对人的妨害,茶对人的妨害也就可想而知了。

【点评】

"源",本作"原",指水流所从出。引申为事物的来源。《茶经》从茶源头写起,"茶者,南
方之嘉木也",明确指出茶的产地在中国南方,以及茶所具有的善和美的特性。"其巴山峡川,
有两人合抱者",这是最早记载中国野生茶树的资料。"上者生烂石,中者生砾壤,下者生黄
土",说明茶树生长的土壤环境。上等茶生在岩石充分风化的烂石土壤中,中等茶生在含有
碎石子的黏性土壤中,下等茶生在土质松软的黄色黏土中。"野者上,园者次",可以理解为
生长在山野里的野生茶品质较好,茶园里人工培育的茶品质较差。陆羽曾有入山采摘野生
茶、几宿不归的亲身经历。他的友人皇甫冉《送陆鸿渐栖霞寺采茶》及皇甫曾《送陆鸿渐山
人采茶回》等诗中有"远远上层崖""时宿野人家""采摘知深处,烟霞羡独行"等诗句,"野

明文徵明《猗兰室图》

　　孔子曾赞叹：“且芝兰生于深林，不以无人而不芳；君子修道立德，不为穷困而败节。”（《孔子家语·在厄第二十》）历代文人士大夫常以兰花来象征高洁文雅的气质、清芬绝俗的品格。“猗兰室”主人以此命名自己的书斋，也正是此意。错杂分布的兰花点出了“猗兰室”的主题，室内主人对友操琴，侧室仆童煮茗，“茶”与“兰”都是衬托或寄托古人高情雅趣的意象，图中以“茶”配“兰”，非常和谐，也更能突出人物的安闲恬淡的生活态度。

者上，园者次"看法的形成，当与陆羽入山采摘野生茶的亲身经历有关。

"凡艺而不实，植而罕茂"，则论及茶树的不宜移植性。古人对茶树习性的认识仍有局限性，认为茶树只能从种子萌芽成株，不能移植，所以茶树过去一直有"艺茶必下种""移植不复生"的说法。所以在古代婚俗中，茶便成为坚贞不移、从一而终和婚后多子的象征，婚娶聘物必定有茶。

"法如种瓜，三岁可采"，北魏贾思勰《齐民要术·种瓜第十四》中详细讲了种瓜的方法，可与唐人韩鄂《四时纂要》记载的"种茶法"对应来看。唐代距离北魏时间较近，唐代在种瓜和种茶时，在整地、挖坑、施肥及播种等方面与北魏确有相似之处，"三岁可采"的说法也基本正确。

"茶之为用，味至寒，为饮，最宜精行俭德之人"，叙述了茶的性味至寒，并特别强调茶"最宜精行俭德之人"，这与"君子比德于玉"有异曲同工之妙。把饮茶与人的品德修养相联系，认为饮茶人应品行端正、俭约，饮茶不是单纯满足人的生理需求，从而提升了饮茶的境界，并最终形成了博大精深的中国茶文化。

茶最初是因具有药用价值而进入人类生活，以后才慢慢发展成为一种保健饮料。除本章提到可治"热渴""凝闷""脑疼""目涩""四支烦"和"百节不舒"等病症外，南朝

《本草纲目》中的植物图片

梁任昉《述异记》认为茶还具有"能诵无忘"的功用,唐陈藏器《本草拾遗》记载茶具有"消食""去痰""少睡""利水道""益意思""轻身"等功用。此外,"醒酒"和"除烦去腻"的功用也常被提到。

　　本章结尾将选用茶叶的困难与选用人参相比。人参,得地之精灵,故有土精、地精之名。明代李时珍《本草纲目》记载,人参有"明目""益智""消食""止渴""止烦躁""治头痛""去痰""能诵不忘"等几十种功用,这与茶的功用大体相同。本章开头将茶称为"嘉木",结尾把茶与人参作比,一头一尾,遥相呼应,可见茶在陆羽心中的位置是何等重要。

茶经

卷上
二之具

籝①,加追反②。一曰篮,一曰笼,一曰筥③。以竹织之,受五升④,或一斗、二斗、三斗者⑤,茶人负以采茶也⑥。籝,《汉书》音盈⑦,所谓"黄金满籝,不如一经"⑧。颜师古云⑨:"籝,竹器也,受四升耳。"

籝

【注释】

①籝(yíng):竹编的筐、笼、篮子等盛物器具。

②加追反:"加"与"追"两字的反切音。反,反切,一种传统的注音方法。用两个汉字来注另一个汉字的读音。两个字中,前者称反切上字,后者称反切下字。被切字的声母和清浊跟反切上字相同,被切字的韵母和字调跟反切下字相同。不过古代的四声是平、上、去、入,与现代汉语的四声有一些出入,古今声母也有变化,故反切出来的音与今天的拼音并不相同。

③筥(jǔ):盛物的圆形竹筐。《诗经·召南·采蘋》:"维筐及筥。"毛传曰:"方曰筐,圆曰筥。"

④升:唐代有大升、小升之分,大升约为现在的600毫升,小升约为现在的200毫升。

⑤斗:十升为一斗,唐代一斗约合今6升。

⑥负:驮,背。

⑦《汉书》:又称《前汉书》,我国第一部纪传体断代史,"前四史"之一。由东汉史学家班固历时二十余年修成,主要记述了上起西汉汉高祖元年(前206),下至新朝王莽地皇四年(23)共二百三十年的史事。包括本纪十二篇、表八篇、志十篇、传七十篇。

⑧黄金满籝,不如一经:《汉书·韦贤传》:"少子玄成,复以明经历位至丞相。故

邹鲁谚曰：'遗子黄金满籯，不如一经。'"意谓遗留给儿子满笼黄金，不如让他学好一部经典。言读书之重要。经，指尊为典范的儒家著作。

⑨颜师古(581—645)：名籀(zhòu)，字师古，雍州万年(今陕西西安)人，祖籍琅邪临沂(今属山东)。初唐著名学者，学识渊博，尤精训诂，善为文章。著有《匡谬正俗》《急就章注》《汉书注》等。

【译文】

籯，加、追的反切音。又称为籝，或笼，或筥。用竹编织而成，可以容纳五升，也有容纳一斗、二斗、三斗的，是茶农背着采茶用的。籯，《汉书》中注音为"盈"，有所谓"黄金满籯，不如一经"的说法。颜师古说："籯，是一种竹器，可以容纳四升。"

唐白釉茶炉及茶釜

灶①，无用突者②。釜③，用唇口者④。

【注释】

①灶：本指用砖石等砌成，供烹煮食物、烧水的设备。此指烹茶的小炉灶。

②突：烟囱。唐代常用没有烟囱的茶灶制茶，是为了使火力集中于锅底。唐陆龟蒙《茶灶》诗中"无突抱轻岚，有烟映初旭"，即描写了这种没有烟囱的灶。清段玉裁《说文解字注》："突，今人谓之烟囱。今人高之出屋上，畏其焚栋也。以其颠言谓之突。"

③釜(fǔ)：古代炊器。敛口圜底，或有二耳。其用于鬲，置于灶，上置甑以蒸煮。相当于今天的锅。

④唇口:敞口,锅口边沿向外反出。

【译文】

灶,不要用有烟囱的。釜,要用锅口边沿向外反出的。

甑①,或木或瓦,匪腰而泥②。篮以箪之③,篾以系之④。始其蒸也,入乎箪;既其熟也,出乎箪。釜涸,注于甑中⑤。甑,不带而泥之⑥。又以穀木枝三桠者制之⑦,散所蒸芽笋并叶,畏流其膏⑧。

【注释】

①甑(zèng):古代蒸饭的器具。底部有许多透蒸汽的孔格,置于鬲上蒸煮,如同现代的蒸锅。

②匪腰而泥:将箪一样形状的甑与釜的连接处用泥封住,以保持热量不散失。匪,同"筐",指圆形的盛物竹器。

③篮以箪(bì)之:用篮状竹编物放在甑中作隔水器。箪,小笼,覆盖甑底的竹席。

④篾以系之:用竹篾系在箪上,以方便其进出甑口。

⑤釜涸,注于甑中:锅中的水干了以后在甑中注水。

⑥甑,不带而泥之:甑在涂泥时周围不完全涂满。带,围绕。

⑦以穀(gǔ)木枝三桠者制之:用有三条枝桠的穀木制成叉状

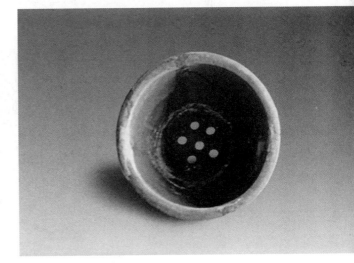

陶制甑

器物翻动所煮茶叶。榖,木名。又称"构""楮",即构树,落叶乔木。其树皮纤维韧性好,可制桑皮纸。

⑧畏流其膏:避免茶叶中的液汁精华流失。膏,指茶叶中的液汁精华。

【译文】

甑,或用木制,或用陶制,将筐一样形状的甑与釜的连接处用泥封住。在甑内置入竹篮一样的有壁的箄,用竹篾系在箄上。开始蒸的时候,将茶叶放到箄里;等到熟了,再从箄里倒出。釜中的水干了以后,从甑中加水进去。甑,涂泥时周围不完全涂满。又有用三条枝桠的榖木制成叉状器物翻动所煮茶叶,将蒸好的茶芽、茶叶及时摊开散热,避免茶叶中的液汁精华流失。

杵臼①,一曰碓②,惟恒用者佳。

王祯《农书》上的杵臼

【注释】

①杵臼(chǔ jiù):即木杵和石臼。木杵为棒槌。石臼,此指捣茶专用的茶臼。

②碓(duì):原为木石做成的捣米器具。此指捣茶的器具。

【译文】

杵臼,又称为碓,以经常使用的为好。

规,一曰模,一曰棬①。以铁制之,或圆,或方,或花。

【注释】

①棬(quān):制茶之具。

【译文】

规,又称为模,还称为棬。用铁制成,有圆形,方形,花形。

承,一曰台,一曰砧①。以石为之。不然,以槐桑木半埋地中,遣无所摇动②。

【注释】

①砧(zhēn):捶、砸或切东西的时候垫在底下的器具。

②遣:使,让。

【译文】

承,又称为台,还称为砧。用石头制成。如果不用石头制成,而用槐木、桑木制作,就要把下半截埋进土中,使它不能摇动。

规、承

檐①,一曰衣。以油绢或雨衫、单服败者为之②。以檐置承上,又以规置檐上,以造茶也。茶成,举而易之。

宣化辽墓壁画《童嬉图》

　　图片右边有四个人物,地上有茶碾一只,旁边有一黑皮朱里圆形漆盘,盘内置曲柄锯子、毛刷和茶饼。盘的后方置茶炉,炉上坐一执壶。画中间桌上放些茶碗、贮茶瓶等物,画左侧有四童子躲在柜后嬉乐探望。此壁画反映了辽代的烹茶用具和方法。

【注释】

　　①襜:制茶工具。这里指铺在砧上的布,用以隔离砧与茶饼。

　　②油绢:用桐油涂绢绸制成的雨衣。雨衫:雨衣。单服:只有一层的衣服。

【译文】

　　襜,又称为衣。用油绢或破旧的雨衣、单衣制作而成。将襜放在承上,再将规放在襜上,用来制造压紧的茶饼。茶饼制成后,拿起来,再换另一个。

　　芘莉①,音杷离②。一曰籝子③,一曰篣筤④。以二小竹,长三尺,躯二尺五寸,柄五寸。以篾织方眼,如圃人土罗⑤,阔二尺,以列茶也。

【注释】

　　①芘(pí)莉:芘、莉本为两种草名,此处为制茶过程中将捣拍后的茶饼放在其上晾晒的工具。

　　②音杷离:《茶经》中注音与今音不同。

　　③籝(yíng)子:筐、笼一类的盛物竹器。

④筹筤（páng láng）：此处义同芘莉。筹、筤为两种竹名。此指用竹编成的盛茶叶的工具。

⑤圃人：农人。土罗：筛土用的筛子。

芘莉

【译文】

芘莉，读音为"杷离"。又称为籯子，还称为筹筤。用两根长三尺的小竹竿，留出二尺五寸做躯干，剩余五寸做柄。用竹篾在两根竹竿中间织成方眼网，宽二尺，就像农人用的筛子，用来放置茶饼。

棨①，一曰锥刀。柄以坚木为之，用穿茶也②。

【注释】

①棨（qǐ）：本指木制的戟状物。此指用以穿茶饼中间孔洞的锥刀，形似戟。

②穿茶：焙干的团茶分斤两贯串，如中国古代的铜钱中有圆孔或方孔，可用线贯穿成串，以便贮蓄或携带，团茶因中间有孔洞，故可穿成一串，较利于运输和销售。

【译文】

棨，又称为锥刀。用坚实的木料做成柄，用来给茶饼穿孔。

扑①，一曰鞭。以竹为之，穿茶以解茶也②。

【注释】

①扑：穿茶饼的绳索、竹条。

②解（jiè）：搬运，运送。

【译文】

扑，又称为鞭。用竹条制成，用来把茶饼穿成串，以便于搬运。

焙^①，凿地深二尺，阔二尺五寸，长一丈。上作短墙^②，高二尺，泥之。

【注释】

①焙（bèi）：原指用微火烘烤。这里指烘烤茶饼用的土炉。

②短墙：矮墙。

【译文】

焙，在地上挖深二尺、宽二尺五寸、长一丈的坑。坑上面砌二尺高的矮墙，用泥涂抹。

贯^①，削竹为之，长二尺五寸。以贯茶焙之。

【注释】

①贯：贯穿茶饼用以焙茶的长竹条。

【译文】

贯，用竹子削制而成，长二尺五寸。烘焙茶饼时用来贯穿茶饼。

焙、贯、棚

棚,一曰栈。以木构于焙上,编木两层,高一尺,以焙茶也。茶之半干,升下棚;全干,升上棚。

【译文】

棚,又称为栈。它是置于焙上的两层木架,高一尺,用来烘烤茶饼。茶饼半干时,放到棚的下层;全干时,放到棚的上层。

穿,音钏。江东、淮南剖竹为之①;巴川峡山②,绹榖皮为之③。江东以一斤为上穿,半斤为中穿,四两、五两为小穿。峡中以一百二十斤为上穿④,八十斤为中穿,五十斤为小穿。"穿"字旧作"钗钏"之"钏"字⑤,或作"贯串"。今则不然,如"磨、扇、弹、钻、缝"五字,文以平声书之,义以去声呼之⑥,其字,以"穿"名之。

【注释】

①江东:即江南东道。唐开元十五道之一。唐开元二十一年(733)分江南道置,简称江东道。治苏州(今江苏苏州)。相当今江苏南部和浙江、福建两省地。淮南:即淮南道。唐贞观十道、开元十五道之一。贞观元年(627)置,辖境相当今淮河以南、长江以北,东至海,西至湖北广水、应城、汉川等地。开元二十一年(733)置淮南道采访处置使,治所在扬州(今属江苏)。

②巴川峡山:指四川东部、湖北西部地区,即今湖北宜昌至重庆奉节的三峡两岸。唐人称三峡以下的长江为巴川,又称蜀江。

③绹榖皮为之:把榖树皮搓成绳来穿茶饼。绹,捻绳,搓绳。

④峡中:指重庆、湖北境内的三峡地带。

⑤钗钏:钗簪与臂镯。泛指妇人的饰物。

明王问《煮茶图》(局部)

　　这是一幅以竹炉煮茶为题材的画作。画中一老者坐蕉叶之上,手持火筴,对着茶炉用紫砂大壶候汤烹茶。茶炉是竹炉,四方形,外壳用竹编制而成,竹炉上是一把紫砂大壶。老者右侧有贮水缸和瓢,茶炉前面席上有书函、卷轴、笔砚、鼎彝、赏瓶等物。

⑥文以平声书之,义以去声呼之:古汉语中某些字有多种读音,每一种读音代表的字义不同,而声母、韵母均相同,只是声调不同,也被称为"四声别义"。

【译文】

穿,读音为"钏"。江东、淮南一带劈开竹竿制成;巴川峡山一带搓捻榖树皮制成。江东把一斤重的穿称为上穿,半斤的称为中穿,四两、五两的称为小穿。峡中一带则把一百二十斤的称为上穿,八十斤的称为中穿,五十斤的称为小穿。"穿"字,先前作"钗钏"的"钏"字,或作"贯串"的"串"字。现在则不是这样,就像"磨、扇、弹、钻、缝"五字一样,写在文章中是用平声字的字形,读去声表示动词的意义,这里把它叫做"穿"。

育①,以木制之,以竹编之,以纸糊之。中有隔,上有覆,下有床,傍有门,掩一扇。中置一器,贮塘煨火②,令煴煴然③。江南梅雨时④,焚之以火。育者,以其藏养为名。

【注释】

①育:此处指储藏饼茶的器具。

②塘煨(táng wēi):热灰,可以煨物。

③煴煴(yūn):火势微弱貌。

④梅雨:指初夏江淮流域持续较长的阴雨天气,正值梅子黄熟,故称。

【译文】

育,用木制成框架,用竹篾编织外围,再用纸糊上。中间隔开,上有盖,下有托盘,旁边有门,并且掩上一扇。在育中间放一器皿,盛有热灰,让火势微弱。江南梅雨季节时,气候潮湿,就要

育

清王树谷《煮茶图》

《煮茶图》描绘了梧桐树下，一文士伏于怪石之上，听秋风落叶之声，若有所思。对面一小童正给茶炉扇风煮茶，茶炉上放一东坡提梁壶。

生明火。育，因为有保藏茶饼的作用而命名。

【点评】

生产工具一向是为人们所重视的。《论语·卫灵公》就有"工欲善其事，必先利其器"之语，指工匠要做好工作，一定要先让工具趁手好用。本章详细介绍了从事采茶、蒸茶、捣茶、拍茶、焙茶、穿茶、封茶等活动所需的十多种器具，从形状、质地、尺寸到用法、功能，一一详细列举。通过这一系列的采制工具，可知当时饼茶制作已具有一定规模，说明当时社会对茶叶的需求量是比较大的。

采茶工具为籝，也就是所谓的竹篮。唐陆龟蒙《茶籝》诗"金刀劈翠筠，织似波文斜"，《茶经》"籝，……用竹编织而成"，明文徵明《茶籝》诗"山匠巧运心，缕筠裁雅器"，说明由唐至明茶籝的质地没有改变。我国古代产茶地，一般都产竹，用竹制篮，质轻价廉。竹篮通风透气，可负可系，方便采摘，"茶人负之以采茶"。陆羽这里提出的"茶人"，应是指从种植、采摘、制造、煎煮到饮用全过程参与的人，当今茶人则分为种茶采茶人、研制加工茶叶的人、经营茶叶生意的人、研究茶叶文化的人和茶叶消费者等，这与陆羽"茶人"的概念有很大不同。"负"，当是人背负竹篮采茶，但比陆羽稍晚的皮日休《茶人》诗中却说"腰间佩轻篓"，"佩"是"系"或"挂"的意思，可见当时至少有"负"和"佩"两种携带方式。具体是"负"还是"佩"，应与茶树的高度和人们的采摘习惯有关。

蒸茶工具有灶、釜、甑、箪和叉。灶，唐陆龟蒙《茶灶》诗中有"无突抱轻岚，有烟映初旭"，指的是没有烟囱的茶灶。釜，就是没有唇口的锅。唇口，指器口边缘凸起一道厚边，线条浑圆似嘴唇，故名。甑，相当于现在的蒸锅。箪，就是竹制的篮子状的蒸笼。捣茶工具有杵臼。杵臼，指木杵和石臼。木杵为棒槌，石臼即指捣茶专用的茶臼。拍茶工具有规、承、檐、芘莉。规，就是模子，用铁制成，有圆形、方形和花形。承，就是放置模具的砧礅，用石头制成。如果用槐木、桑木制作，就要把下半截埋进土中，使它不能摇动。檐，此指铺在砧上的布，用以隔离砧与茶饼，以便取出制好的茶饼。芘莉，大体就像农人用的土罗，将捣拍后的茶饼放在上面晾晒，使茶饼成型。

焙茶工具有棨、扑、贯、焙、棚。棨，此指用以穿茶饼中间孔洞的锥刀，用来把焙干的团茶打孔眼以方便穿茶。扑，用竹条制成，用来把茶饼穿成串，以便于搬运。贯，贯穿茶饼用以焙茶的长竹条。焙，烘烤茶饼用的土炉。焙的设计："凿地深二尺，阔二尺五寸，长一丈。上作短墙，高二尺，泥之。"唐皮日休《茶焙》诗："凿彼碧岩下，恰应深二尺。"在明文徵明《茶焙》诗中有"昔闻凿山骨，今见编楚竹"，茶焙是用竹编织而成。焙上置木制的棚，编木两层，高一尺，用以焙茶。把串在贯上的饼茶，搁在棚上分层烘焙。

穿茶工具为穿。穿，是计数单位，类似于"串"。封茶工具为育。育，就是封藏饼茶的用具，类似今天的烘箱。用木制成框架，用竹篾编织外围，再用纸糊上。中间隔开，上有盖，下有托盘，旁边有门，并且掩上一扇。在育中间放一器皿，盛上热灰，让火势微弱，无火焰。江南梅雨季节气候潮湿，就要生明火。这在当时是一种低温长烘用以防潮防霉的贮茶方法。

上述采制工具，只是就当时生产饼茶而言。现在看来，这些采制工具已非常落后，但是任何生产工具都是当时一定的历史条件下产生的，我们也不能对古人求全责备。

明文徵明《茶事图》

　　《茶事图》为文徵明嘉靖甲午（1534）作，并在画上题与唐皮日休《茶中杂咏·茶具》及唐陆龟蒙《奉和袭美茶具十咏》所唱和《茶具十咏》诗。在文徵明《茶籯》题诗中有"山匠巧运心，缕筥裁雅器"，说明茶籯是用竹编成的；《茶焙》诗中有"昔闻凿山骨，今见编楚竹"，可知茶焙也是用竹编成的。在山林间幽静的草堂里，适宜品茗待客，明窗曲几、风中松林、月下竹影、闲坐吟诗、读书清谈，这正是文人雅士所向往的理想生活。

茶经

卷　上

三之造

凡采茶,在二月、三月、四月之间。茶之笋者,生烂石沃土,长四五寸,若薇蕨始抽①,凌露采焉②。茶之芽者,发于藂薄之上③,有三枝、四枝、五枝者,选其中枝颖拔者采焉④。其日⑤,有雨不采,晴有云不采。晴,采之、蒸之、捣之、拍之、焙之、穿之、封之,茶之干矣⑥。

【注释】

①薇蕨(jué):薇和蕨。嫩叶皆可作蔬,为贫苦者所常食。此处比喻茶芽初抽时的样子。

②凌露采焉:趁着露水还挂在茶叶上没干时就采茶。

③藂(cóng)薄:丛生的草木。藂,聚集,丛生。《淮南子·俶真训》高诱注:"聚木曰丛,深草曰薄。"

④颖拔:挺拔。

⑤其日:这天,当天。

⑥茶之干矣:茶就制作完成了。

【译文】

采茶一般都在二月、三月、四月之间。芽头肥硕长大,状如竹笋的芽叶,生长在岩石风化的肥沃土壤中,长达四五寸,就像薇和蕨刚刚破土而抽的嫩芽,趁着露水还挂在茶叶上没干时就采摘。芽头短促瘦小的芽叶,生长在丛生的杂草中,有三枝、四枝、五枝的新梢,选择其中长得挺拔的采摘。当天有雨不采,晴天有云也不采。只有天气晴朗无云时才能采摘,采摘的芽叶再经过上甑蒸熟、用杵臼捣烂、拍压成形、烘焙至干、穿饼成串、包装封好,茶叶就制作完成了。

茶有千万状,卤莽而言①,如胡人靴者②,蹙缩然③,京锥文也④。犎牛臆者⑤,廉襜然⑥;浮云出山者,轮囷然⑦;轻飙拂水者⑧,涵澹然⑨;有如陶家之子⑩,罗膏土以水澄泚之⑪。谓澄泥也。又如新治地者,遇暴雨流潦之所经⑫。此皆茶之精腴⑬。有如竹箨者⑭,枝干坚实,艰于蒸捣,故其形籭簁然⑮。上离下师⑯。有如霜荷者⑰,茎叶凋沮⑱,易其状貌,故厥状委悴然⑲。此皆茶之瘠老者也。

【注释】

①卤莽而言:粗略地说,大致而言。卤,同"鲁"。

②胡人靴:我国古代北方或西域少数民族常穿的长筒的鞋。

③蹙(cù)缩:皱缩。

④京锥文:大钻子刻划的线纹。京,大。锥,刀锥。文,同"纹"。

⑤犎(fēng)牛臆:比喻茶芽的形状像野牛胸部一样突出拳曲。犎牛,亦名封牛、峰牛。一种颈脊肉隆起的野牛。臆,胸部。

⑥廉襜(chān):即"簾襜"。簾,帘子。襜,裙子。皆有折皱,以喻波纹。

⑦轮囷(qūn):屈曲盘绕的样子。

⑧轻飙(biāo):微风。

⑨涵澹:亦作"涵淡"。形容水波动荡的样子。

⑩陶家之子:烧制陶器的人。

⑪澄泚(cǐ):沉淀使水清亮。

⑫流潦(lào):地面流动的积水。潦,积水。

⑬精腴:指精良而肥美之状。

⑭竹箨(tuò):笋壳。箨,竹笋外一片片的皮。

⑮籭簁(shāi shāi):毛羽始生的样子。

⑯上离下师:此指"籭簁"的读音,与今音不同。

⑰霜荷:深秋霜露落在荷叶上,形成白膜,叫"霜荷"。

⑱凋沮：凋零败坏。

⑲委悴：枯萎，憔悴，枯槁。

【译文】

茶饼的形状千姿百态，粗略地说，有的像胡人的靴子，皮面皱缩；就像大钻子刻划的线纹。有的像犎牛的胸部，有细微的褶痕；有的像浮云出山，屈曲盘绕；有的像轻风拂水，吹起涟漪；有的像陶匠筛出细土，再用水沉淀出的泥膏那么光滑细腻；陶匠淘洗陶土称澄泥。有的又像新整的土地，被地面流动的积水冲刷而高低不平。这些都是精美上等的茶。有的茶叶像笋壳，枝梗坚硬，很难蒸透捣烂，所以制成的茶饼像籭簁，读音为离师。是说形状像毛羽始生的样子不整齐。有的茶叶像深秋霜露打过的荷叶，茎叶凋零败坏，改变了原来的形状和面貌，因而制成的茶饼枯萎憔悴。这些都是贫瘠、粗老的坏茶、老茶。

自采至于封七经目，自胡靴至于霜荷八等。或以光黑平正言嘉者，斯鉴之下也；以皱

清虚谷《瓶菊图》

此图为瓶插秋菊的小品画。菊花与松枝使瓶与壶得到呼应，扁形的提梁壶与长形的花瓶相映成趣。

黄坳垤言佳者①,鉴之次也;若皆言嘉及皆言不嘉者,鉴之上也。何者? 出膏者光,含膏者皱;宿制者则黑②,日成者则黄;蒸压则平正,纵之则坳垤③。此茶与草木叶一也。茶之否臧④,存于口诀。

【注释】

①坳垤(ào dié):原指地势高低不平。此指茶饼表面凹凸不平。

②宿制:隔一夜再焙制。

③纵之:此指蒸压不够紧实。

④否臧(pǐ zāng):优劣。否,恶。臧,善。

【译文】

从采摘到封装,经过七道工序,从如同胡人靴子皱缩状到类似经霜露打过的荷叶衰萎状,共八个等级。有人把光亮、黑色、平整的看作好茶,这是下等的鉴别方法;把皱缩、色黄、表面凹凸不平的看作好茶,这是次等的鉴别方法;若既能指出茶的佳处,又能道出茶的劣处,这才是最好的鉴别方法。为什么呢? 因为压出了茶汁的就光亮,含有茶汁的就皱缩;隔夜制成的色黑,当天制成的色黄;蒸后压得紧的就平整,而压得不紧实的就凹凸不平。这就是茶和草木叶子共同的特点。茶叶品质的优劣,另有口诀来鉴别。

【点评】

本章论述了茶叶的采摘时间、采制方法以及成品茶的外形特征与品质鉴别方法。

"凡采茶,在二月、三月、四月之间",首先谈到茶叶的采摘期。唐历与现今的农历基本相同,相当于现今公历的三月中下旬至五月中下旬之间,也是我国大部分产茶区春茶采摘季节。唐李郢《茶山贡焙歌》有"春风三月贡茶时",唐白居易《谢李六郎中寄新蜀茶》有"红纸一封书后信,绿芽十片火前春",唐李德裕《忆平泉杂咏·忆茗芽》有"谷中春日暖,渐忆掇茶英。欲及清明火,能销醉客醒",唐李咸用《谢僧寄茶》有"倾筐短甑蒸新鲜,白纻眼细匀于研。砖排古砌春苔干,殷勤寄我清明前"。这些诗中所提到的"春风三月""火前""清明火""清明前"等,这些时间节点都与《茶经》所说"凡采茶,在二月、三月、四月之间"相吻合。

"茶之笋者,生烂石沃土",这与《一之源》中"其地,上者生烂石"紧密呼应。

"茶之笋者……长四五寸……凌露采焉。茶之芽者,发于藂薄之上……选其中枝颖拔者采焉",这是茶叶的采摘标准,"长四五寸""颖拔"方可采摘。如唐皮日休《茶中杂咏·茶笋》诗中有"褒然三五寸,生必依岩洞",唐陆龟蒙《茶笋》诗中有"所孕和气深,时抽玉苕短",两人都提到茶叶的采摘标准,就是指生长茶笋和茶芽的新梢,长到三至五寸或像玉苕那样长短时,就可以采摘了。

"凌露采焉",即带露采茶,为了保证鲜叶带有露水,必须在日出前完成采茶。如宋赵汝砺《北苑别录》:"采茶之法,须是侵晨,不可见日。晨则夜露未晞,茶芽肥润。见日则为阳气所薄,使芽之膏腴内耗,至受水而不鲜明。"即采摘茶叶的时间,必定要在黎明,不可见到太阳。清晨茶叶上夜间的露水未干,茶芽肥嫩圆润。一旦见到太阳就会被阳气所迫,使得茶芽的茶汁膏腴有所损耗,等到受水时就不鲜明清澈。"有雨不采,晴有云不

《点石斋画报·采茶入贡》

明蓝瑛《煎茶图》(局部)

　　顺治二年(1645)花朝节,蓝瑛与画社好友杨文骢、张吉友在玄墓观梅,晚宿禅寺,在烛光下看王蒙《煎茶图》,随手画成此作。

采",从当时手工制茶的条件来讲,采摘时间与茶叶品质有极大的关系。晴天无云可采,适当的温度以及湿度是手工制茶最基本的环境要求。

　　"采之、蒸之、捣之、拍之、焙之、穿之、封之"与"自采至于封七经目",这是制作饼茶的生产流程,这与《二之具》所列采茶、蒸茶、捣茶、拍茶、焙茶、穿茶、封茶等生产工具相互印证,使读者能够一目了然。

　　"茶有千万状",陆羽运用了大量形象化的词汇,把饼茶分为"胡人靴""犎牛臆""浮云出山""轻飙拂水""陶家之子""新治地""竹箨""霜荷"八个等级。前六种都是精美上等的优质茶,后两种为贫瘠、枯老的坏茶。由此可知陆羽对于饼茶品质的鉴别是很有研究的,他使用朴素的叙述方法,说明了制造技术与品质的辩证关系。

　　"茶之否臧,存于口诀",这表明当时已有口诀鉴别饼茶品质的好坏,但口诀是什么?《茶经》没有写出来,只有留待后人去探索了。

茶经

四之器　卷中

风炉灰承	筥	炭挝	火筴	鍑
交床	夹	纸囊	碾拂末	罗合
则	水方	漉水囊	瓢	竹筴
鹾簋揭	熟盂	碗	畚	札
涤方	滓方	巾	具列	都篮①

【注释】

①都篮:都篮及以上所列为茶器名称,小注文是该茶器的附属器物。这里列出了二十五种茶器,依据沈冬梅的说法,文中有"以则置合中",或许是陆羽将罗合与则计为一器,故与《九之略》中所提的"二十四器"相符。

【译文】

风炉灰承	筥	炭挝	火筴	鍑
交床	夹	纸囊	碾拂末	罗合
则	水方	漉水囊	瓢	竹筴
鹾簋揭	熟盂	碗	畚	札
涤方	滓方	巾	具列	都篮

风炉灰承

风炉,以铜、铁铸之,如古鼎形①。厚三分,缘阔九分,令六分虚中,致其杇墁②。凡三足,古文书二十一字③:一足云"坎上巽下离于中"④,一足云"体均五行去百疾"⑤,一足云"圣唐灭胡明年铸"⑥。其三足之间,设三窗,底一窗以为通飙漏烬之所⑦。上并古文书六字:一窗之上书"伊公"二字⑧,一窗之上书"羹陆"二字,一窗之上书"氏茶"二字,所谓"伊公羹、陆氏茶"也。置墆㙇于其内⑨,设三格:其一格有翟焉⑩,翟者,火禽也,画一卦曰离;其一格有彪焉⑪,彪者,风兽也,画一卦曰巽;其一格有鱼焉,鱼者,水虫也⑫,画一卦曰坎。巽主风,离主火,坎主水,风能兴火,火能熟水,故备其三卦焉。其饰,以连葩、垂蔓、曲水、方文之类⑬。其炉,或锻铁为之⑭,或运泥为之。其灰承,作三足铁柈抬之⑮。

陆羽风炉示意图(徐蓓绘)

【注释】

①鼎:古代器物名。其形制常三足两耳,盛行于商、周。早期用于煮盛物品,后用于宗庙祭祀或作铭功记绩的礼器。

②圬墁(wū màn):涂饰墙壁,粉刷。此指风炉内壁涂泥。

③古文:上古的文字。泛指甲骨文、金文、籀文和战国时通行于六国的文字。

④坎上巽(xùn)下离于中:坎、巽、离均为《周易》卦名。坎象征水,巽象征风,离象征火。煮茶时,水在上部的锅中,风从炉底之下进入助火之燃,火在炉中燃烧。

⑤体均五行去百疾:意为具备五行,能祛除各种疾病。五行,指水、火、木、金、土。我国古代称构成各种物质的五种元素,古人常以此说明宇宙万物的起源和变化。

⑥圣唐灭胡：指唐代宗广德元年（763）彻底平定安禄山、史思明等人的叛乱。明年：第二年，即 764 年。

⑦飙（biāo）：指风。

⑧伊公：商伊尹的尊称。伊尹，商汤大臣。名伊，一名挚，尹是官名。相传生于伊水，故名。传说他是汤妻陪嫁的奴隶，以烹调之道喻治国之理向商汤进言，得商汤重用。后助汤伐夏桀，被尊为阿衡。用"以鼎调羹""调和五味"的理论治理天下。

⑨埵堁（dì niè）：放置于炉膛内架锅用的炉箅子。埵，底。堁，小山，小山堆。

⑩翟（dí）：长尾的野鸡。我国古代认为野鸡为火禽。

⑪彪：小老虎。我国古代认为虎为风兽。

⑫水虫：水生动物的统称。

⑬连葩：连缀环绕的花朵。垂蔓：垂挂的枝蔓。曲水：曲折的水波纹。方文：方块或几何花纹。

⑭锻铁：打铁锻造。

⑮柈（pán）：同"盘"。

【译文】

风炉，用铜或铁铸造而成，形状像古鼎。炉壁厚三分，炉口边缘宽九分，向炉腔内空出六分，风炉内壁涂抹泥土。风炉的下方共有三足，足上用上古文字铸有二十一个字：一足上写"坎上巽下离于中"，一足上写"体均五行去百疾"，一足上写"圣唐灭胡明年铸"。在三足之间开三个窗口，炉底部开一个洞口用来通风漏灰。三个窗口上书六个上古文字：一个窗口上写"伊公"二字，一个窗口上写"羹陆"二字，一个窗口上写"氏茶"二字，连起来就是"伊公羹、陆氏茶"。炉膛内放置架锅

风炉

用的炉箅子,其间分三格:一格上画只翟,因为翟是火禽,刻画一离卦;一格上画只彪,因为彪是风兽,刻画一巽卦;一格上画条鱼,因为鱼是水虫,刻画一坎卦。"巽"代表风,"离"代表火,"坎"代表水,风能使火烧旺,火能把水烧开,所以要有这三个卦。炉身上用连缀环绕的花卉、枝蔓、水纹与方形花纹等图案来装饰。风炉有用铁锻造的,也有用泥土烧制的。灰承,是有三只脚的铁盘,用来承接炉灰。

筥^①

筥,以竹织之,高一尺二寸,径阔七寸。或用藤,作木楦如筥形织之^②,六出圆眼^③。其底盖若利箧口^④,铄之^⑤。

【注释】

①筥(jǔ):圆形的盛物竹器。

筥

②楦(xuàn):泛指填塞物体中空部分的模架。此指制作筥之前先做好的筥形木制模架。

③六出:花开六瓣及雪花六角都叫六出。这里指用竹条编织的六角形的洞眼。

④利箧(qiè):用小竹篾编成的长方形箱子。

⑤铄(shuò):熔化,销铄。此处引申为将竹筥底削制得平整光滑。

【译文】

筥,用竹子编织而成,高一尺二寸,直径七寸。也有用藤编制的,先做好筥形木制模架,再用藤条在外面编织出六角形的洞眼。筥的底和盖就像小竹箱子的口,要削制得平整光滑。

炭挝①

炭挝，以铁六棱制之。长一尺，锐上丰中②，执细。头系一小镢以饰挝也③，若今之河陇军人木吾也④。或作锤，或作斧，随其便也。

【注释】

①炭挝(zhuā)：碎碳用的铁棍。

②锐上丰中：上头尖中间粗。

③镢(zhǎn)：炭挝上灯盘形的饰物。

④河陇：古代指河西与陇右。相当今甘肃西部地区，大致包括今敦煌、嘉峪关、武威、金昌、张掖、酒泉等地。木吾：木棒名。原本是用以夹车的车辐。晋崔豹《古今注·舆服》："汉朝……御史、校尉、郡守、都尉、县长之类，皆以木为吾焉。用以夹车，故谓之车辐。"吾，假借为"御"，防御。

炭挝

【译文】

炭挝，用六棱形的铁棒制作。长一尺，上头尖，中间粗，执握处细。握的那头套一个灯盘形的饰物，如同现在河西和陇右地带的军人使用的木棒。有的做成锤形，有的做成斧形，各随其便。

火𥮅

火𥮅，一名箸①，若常用者，圆直一尺三寸。顶平截，无葱台、勾锁之属②。以铁或熟铜制之。

【注释】

①箸（zhù）：筷子。

②无葱台、勾锁之属：没有葱台、勾锁之类的饰物。葱台，"台"字当作"薹"。葱薹，即葱开花时抽出的茎，顶部有圆锥形总苞，疑即是这样的装饰物。勾锁，不详。

法门寺出土系链银火箸

【译文】

火筴，又称为箸，就像平常用的筷子一样，圆直形，长一尺三寸。顶端平齐，没有葱薹、勾锁之类的饰物。用铁或熟铜制作。

镀音辅①，或作釜，或作鬴②

镀，以生铁为之。今人有业冶者，所谓急铁③，其铁以耕刀之趄炼而铸之④。内模土而外模沙。土滑于内，易其摩涤；沙涩于外，吸其炎焰。方其耳，以正令也⑤。广其缘，以务远也⑥。长其脐，以守中也⑦。脐长，则沸中⑧；沸中，则末易扬⑨，末易扬，则其味淳也。洪州以瓷为之⑩，莱州以石为之⑪。瓷与石皆雅器也，性非坚实，难可持久。用银为之，至洁，但涉于侈丽⑫。雅则雅矣，洁亦洁矣，若用之恒，而卒归于银也⑬。

【注释】

①镀（fù）：古代的一种大口锅。音辅：《茶经》中"镀"读"辅"音，与今不同。

②鬴（fǔ）：锅。

③急铁：指利用废旧铁器再次冶炼而成的铁制品。

④耕刀之趄（qiè）：损坏了不能再使用的犁头。耕刀，犁头。趄，原本倾斜的意思。此指破损、损坏。

⑤以正令也：使之端正。

⑥广其缘，以务远也：镀的口沿要宽，以使火力能涵盖全镀。

⑦长其脐，以守中也：镀的脐部要突出，以使火力能够集中。

⑧脐长，则沸中：镀的脐部突出，则水煮开时就可以集中在镀的中心位置沸腾。

⑨末：指茶末。

⑩洪州：隋开皇九年（589）由豫章郡改置，治所在南昌县（今江西南昌）。大业三年（607）改为豫章郡，唐武德五年（622）复为洪州。

⑪莱州：隋开皇五年（585）以光州改置，治所在莱州（今山东莱州）。大业初改为东莱郡。唐武德四年（621）复为莱州，天宝初又改为东莱郡。乾元初复为莱州。

⑫侈丽：奢侈华丽。

清陈馥《梅花茗具图》

此画作于乾隆丁丑（1757）七月，画中右上角有一株折枝梅花，前面有大小四盏茶壶，以水墨写梅花茶壶，寥寥数笔，顿使茶香梅馨跃然纸上。画中左上题"若逢全、羽携来去，倾倒山中烟雨春。幸有梅花同点缀，一枝和露带清芬。乾隆强圉赤奋若之秋七月，雨窗写为圣翁先生、元老大兄清鉴。晚翠道人馥。"全、羽，指唐代卢全及陆羽。强圉赤奋若，即丁丑年。强圉，天干第四位丁的别称。赤奋若，古代星（岁星）岁（太岁，亦称岁阴、太阴）纪年法所用名称。谓太岁在丑、岁星在寅的年份为"赤奋若"。圣翁先生、元老大兄，不详。晚翠道人，作者陈馥的号。

⑬而卒归于银也:最终还是用银制的镀好。

【译文】

镀,用生铁制作。生铁是如今搞冶炼的人说的"急铁",这是利用损坏了不能再使用的犁头之类的农具炼铸的。铸镀时,模具的内壁抹上泥,外壁抹上沙。内壁抹上泥是因为土质细腻光滑,容易磨洗;外壁抹上沙是因为沙质粗糙而使得外壁粗糙,便于吸收火焰热量。锅耳做成方形,使其端正。镀的口沿要宽,以使火力能涵盖全镀。镀的脐部要突出,以使火力能够集中。镀的脐部突出,则水煮开时就可以集中在镀的中心位置沸腾;水在中心沸腾,则茶末就易沸扬;茶沫沸扬,则茶的味道就更淳厚。洪州用瓷做镀,莱州用石做镀。瓷镀和石镀都是高雅别致的器皿,但不坚固,难以长久使用。用银做镀,非常清洁,但稍显奢侈华丽。瓷镀雅致固然雅致,清洁确实清洁,但若要长久使用,最好还是用银制的。

交床①

交床,以十字交之,剜中令虚②,以支镀也。

交床

【注释】

①交床:胡床的别称,一种有靠背、能折叠的坐具。此处借指用来放置镀的架子。

②剜(wān):挖,刻。

【译文】

交床,用十字交叉的木架,把上面木板中间挖空,用来放置茶镀。

夹

　　夹，以小青竹为之，长一尺二寸。令一寸有节，节已上剖之，以炙茶也^①。彼竹之筱^②，津润于火，假其香洁以益茶味^③，恐非林谷间莫之致。或用精铁、熟铜之类，取其久也。

【注释】

　　①炙茶：烘焙茶叶。

　　②筱（xiǎo）：小竹，细竹。

　　③津润于火，假其香洁以益茶味：小青竹在火上烤炙，表面就会渗出清香干净的竹液和香气，有助于茶香。

【译文】

　　夹，用小青竹制成，长一尺二寸。选一头一寸处有竹节的，自节以上剖开，用来夹着茶饼在火上烤炙。这样的小青竹在火上烤炙，表面就会渗出清香干净的竹液和香气，有助于茶香，但不是山林溪谷间恐怕难以弄到这种小青竹。夹也有用精铁或熟铜制作的，是考虑到经久耐用。

纸囊

　　纸囊，以剡藤纸白厚者夹缝之^①，以贮所炙茶，使不泄其香也。

纸囊

【注释】

　　①剡（shàn）藤纸：以产于剡县（今浙江嵊州）而得名。剡藤纸薄、轻、韧、细、白，莹润光泽，质地精良。

【译文】

纸囊,用两层颜色白、质地厚的剡藤纸缝制而成,用来贮放烘焙好的茶叶,使茶的香味不散失。

碾拂末①

碾,以橘木为之,次以梨、桑、桐、柘为之②。内圆而外方。内圆,备于运行也;外方,制其倾危也。内容堕而外无余木③。堕,形如车轮,不辐而轴焉④。长九寸,阔一寸七分。堕径三寸八分,中厚一寸,边厚半寸,轴中方而执圆⑤。其拂末,以鸟羽制之。

【注释】

①拂末:扫集碾中茶粉的用具。用鸟的羽毛制成。

②柘(zhè):木名。落叶灌木或小乔木。叶可饲蚕,木质坚韧,可制弓。

③堕:木制的碾轮。

④不辐而轴焉:没有辐条而有车轴。辐,辐条。插入轮毂以支撑轮圈的细条。轴,轮轴。穿在轮子中间的圆柱形物件。

⑤轴中方而执圆:轴的中段呈方形,而手执的部分呈圆柱形。

碾、拂末

【译文】

　　碾，最好用橘木制作，其次用梨木、桑木、桐木、柘木制作。碾内圆而外方。内圆，以便运转；外方，为防止倾倒。碾槽内放置碾轮而再无空隙。木制的碾轮，形状像车轮，但没有辐条只有车轴。轴长九寸，宽一寸七分。木碾轮的直径三寸八分，中间厚一寸，边缘厚半寸，轴的中段呈方形，而手执的部分呈圆柱形。拂末，用鸟的羽毛制作。

法门寺出土鎏金银色茶碾

罗合[1]

　　罗末，以合盖贮之，以则置合中[2]。用巨竹剖而屈之，以纱绢衣之[3]。其合，以竹节为之，或屈杉以漆之。高三寸，盖一寸，底二寸，口径四寸。

【注释】

　　①罗合：筛分和贮放碾碎饼茶粉末的用具。罗是罗筛，用剖开的大竹弯成圆圈状，底部蒙上纱或绢。合即盒，用竹节或杉木制成，外涂油漆。

法门寺出土鎏金银茶罗合

②则：即茶则。古代烹试茶时量取茶末入汤的量具。

③纱绢：挺括细薄的丝织品的通称。衣：覆盖。

【译文】

用罗筛筛出的茶末放在盒中盖好贮存，并将茶则也放在盒中。将剖开的大竹弯成圆圈状，底部蒙上纱或绢。盒，用竹节制成，或用杉树片弯曲成圆形涂上油漆制成。盒高三寸，盖一寸，底高二寸，直径四寸。

则

则，以海贝、蛎蛤之属①，或以铜、铁、竹匕策之类②。则者，量也，准也，度也。凡煮水一升，用末方寸匕③。若好薄者减之，嗜浓者增之，故云则也。

【注释】

①海贝：海中有壳软体动物的总称，其壳古代曾用作货币。蛎蛤(lì gé)：牡蛎的别名。

②匕：古代的一种取食器具，长柄浅斗，形状像汤勺。策：古代用以计算的筹子（小竹片）。

③方寸匕：古代量取药末的器具名。其形状如刀匕，大小为古代一寸正方，故名。

唐孙思邈《千金要方》卷一："方寸匕者,作匕正方一寸,抄散,取不落为度。"

法门寺出土鎏金银茶则

【译文】

则,用海贝、牡蛎之类的贝壳,或用铜、铁、竹制作的匕、策之类充当。"则"是度量的标准、依据。一般烧一升的水,要用一方寸匕的茶末。如果喜欢喝淡茶,就减少一点茶末;喜欢喝浓茶,就增加一点茶末,因此称作"则"。

水方①

水方,以椆木、槐、楸、梓等合之②,其里并外缝漆之,受一斗。

水方

【注释】

①水方:煮茶、煮水时使用的贮水用具。

②椆(chóu)木:常绿乔木。木质坚重,耐寒。楸(qiū):落叶乔木。木材质地致密,可做器具。梓:落叶乔木。木材可供建筑及制造器物之用。

【译文】

水方,用椆、槐、楸、梓等木材制作,里面和外面的缝都加涂油漆,容水量一斗。

漉水囊①

漉水囊,若常用者。其格,以生铜铸之,以备水湿,无有苔秽腥涩意②。以熟铜苔秽,铁腥涩也。林栖谷隐者③,或用之竹木。木与竹非持久涉远之具,故用之生铜。其囊,织青竹以卷之,裁碧缣以缝之④,纽翠钿以缀之⑤,又作绿油囊以贮之⑥。圆径五寸,柄一寸五分。

【注释】

①漉(lù)水囊:过滤水用的袋子。漉,过滤。

②苔秽:指铜与氧化合的化合物,因其呈绿色,色如苔藓,故称。腥涩:即铁腥涩。铁氧化后产生的性状。

③林栖谷隐:指在山林隐居。亦指隐居的人。

④碧缣(jiān):青绿色的细绢。缣,双丝的细绢。

⑤纽翠钿(diàn):纽缀上翠钿以为装饰。翠钿,用翠玉制成的首饰或装饰物。

⑥绿油囊:绿油绢做的袋子,有防水功能。

漉水囊、绿油囊

【译文】

漉水囊,同平常使用的一样。它的框架用生铜铸成,生铜湿后不会产生绿苔一样的铜锈及铁腥味道。因为用熟铜容易生铜锈,用铁易生铁腥味道。在山林隐居的人,也有用竹或木作框架的。但竹木制品都不耐用,又不便携带远行,因此还是要用生铜。滤水的袋子,先用青竹篾丝编织并卷曲成袋形,再裁剪青绿色的细绢缝制,纽缀上翠玉以为装饰,又用防水的绿油绢做个袋子贮存漉水囊。漉水囊直径五寸,柄长一寸五分。

瓢

瓢,一曰牺杓①。剖瓠为之②,或刊木为之③。晋舍人杜育《荈赋》云④:"酌之以匏⑤。"匏,瓢也。口阔,胫薄,柄短。永嘉中⑥,余姚人虞洪入瀑布山采茗⑦,遇一道士,云:"吾,丹丘子⑧,祈子他日瓯牺之余⑨,乞相遗也⑩。"牺,木杓也。今常用以梨木为之。

明陈洪绶《品茶图》

　　《品茶图》,又名《停琴啜茗图》。画面两位高士似是一主一客相对而坐,主人坐于一片蕉叶之上,旁置茶炉、紫砂壶、茗具等,炉中炭火正炽。客人坐于怪石之上,奇石为琴台,古琴已收入锦缎琴套中。此时,琴弦收歇,茶盏新沏,两人手持茶盏,四目相视,正闻香品啜,耳边琴声犹在。

【注释】

①牺杓(sháo):唐代煎茶时舀水注汤的茶具,即瓢或木杓的合称。杓,同"勺"。

②瓠(hù):草本植物瓠瓜,果实即葫芦。

③刊:刻,雕刻。

④杜育《荈赋》：我国最早的茶诗赋作品。第一次完整地记载了茶叶种植、生长环境、采摘时节的劳动场景、烹茶、选水、茶具的选择和饮茶的效用等。原文已佚。杜育(？—311)，字方叔，西晋襄城(今属河南)人。少聪颖，时号神童。及长，美风姿，有才藻，又号"杜圣"。曾任中书舍人、国子祭酒。

⑤匏(páo)：葫芦的一种，即匏瓜。

⑥永嘉：西晋怀帝年号(307—312)。

⑦余姚：余姚县，秦置，唐属越州，今浙江余姚。虞洪：《搜神记》中的人物。

⑧丹丘子：指来自丹丘仙乡的仙人。丹丘，神话中的神仙所居之地，昼夜长明。

⑨瓯(ōu)牺之余：喝剩的茶。瓯牺，饮茶用的杯杓。

⑩遗：赠与。

【译文】

瓢，又称为牺杓。把葫芦剖开制成，或是用树木挖制而成。晋中书舍人杜育的《荈赋》说："用匏舀取。"匏，就是瓢。匏口宽阔，瓢身薄，柄短。西晋永嘉年间，余姚人虞洪到瀑布山采茶，遇见一道士，道士说："我是丹丘子，希望你以后把杯杓中喝剩的茶送我点儿喝。"牺，就是木杓。现在常用的多以梨木制成。

竹筴①

竹筴，或以桃、柳、蒲葵木为之，或以柿心木为之。长一尺，银裹两头。

【注释】

①竹筴(jiā)：唐代煎茶时用于环击汤心的击拂茶具，即宋代以后所用的茶匕、茶箸。

【译文】

　　竹筴,有用桃木、柳木、蒲葵木制成,也有用柿心木制成。长一尺,用银包裹两头。

鹾簋揭^①

　　鹾簋,以瓷为之,圆径四寸,若合形。或瓶或罍^②,贮盐花也^③。其揭,竹制,长四寸一分,阔九分。揭,策也^④。

鹾簋

【注释】

　　①鹾簋(cuó guǐ):古代煮茶时放盐的器皿。鹾,盐。簋,古代盛物的圆形器皿。揭:取盐用的长竹片。

　　②罍(léi):古代一种盛酒的容器。小口,广肩,深腹,圈足,有盖,多用青铜或陶制成。

　　③盐花:盐霜,细盐粒。

　　④策:古代用竹片或木片记事著书,成编的叫做策。此处指取盐用的长竹片。

【译文】

　　鹾簋,用瓷制成,直径四寸,像盒子形状。也有作瓶形或罍形的,用来贮存细盐粒。揭,用竹片制成,长四寸一分,宽九分。揭,是取盐用的长竹片。

法门寺出土鎏金银盐台

熟盂

熟盂^①

熟盂,以贮熟水。或瓷或砂,受二升。

【注释】

①熟盂:贮存开水的器皿,瓷或陶制。

【译文】

熟盂,用来盛贮开水。有瓷制也有陶制,容量二升。

碗

碗,越州上^①,鼎州次^②,婺州次^③,岳州次^④,寿州、洪州次^⑤。或者以邢州处越州上^⑥,殊为不然。若邢瓷类银,越瓷类玉,邢不如越一也;若邢瓷类雪,则越瓷类冰,邢不如越二也;邢瓷白而茶色丹,越瓷青而茶色绿,邢不如越三也。晋杜育《荈赋》所谓:"器择陶拣,出自东瓯^⑦。"瓯,越也。瓯,越州上。口唇不卷,底卷而浅,受半升已下。越州瓷、岳瓷皆青,青则益茶,茶作白红之色。邢州瓷白,茶色红;寿州瓷黄,茶色紫;洪州瓷褐,茶色黑。悉不宜茶。

【注释】

①越州:隋大业元年(605)改吴州置,治所在会稽县(今浙江绍兴)。大业三年(607)改为会稽郡。唐武德四年(621)复改越州,天宝、至德间又改会稽郡。乾元元年(758)复改越州。越州在唐、五代、宋元以产秘色瓷器著名,瓷体透明,是青瓷中的绝品。此指越州窑。

②鼎州:唐曾经有二鼎州。一为唐
武德元年(618)改凤林郡置,治弘农县
(今河南灵宝)。贞观八年(634)废。二
为武周天授二年(691)置,治云阳(今陕
西泾阳北云阳镇)。久视元年(700)废。
唐天祐三年(906)复置,治美原(今陕西
富平东北美原镇)。此指鼎州窑。

③婺(wù)州:隋开皇九年(589)
分吴州置,治所在吴宁县(今浙江金华)。
大业初改为东阳郡。唐武德四年(621)
复置婺州。天宝元年(742)又改东阳郡,
乾元元年(758)复为婺州。此指婺州窑。

④岳州:隋开皇九年(589)改巴州
置,治所在巴陵县(今湖南岳阳)。大业
初改为罗州,寻改为巴陵郡。唐武德四
年(621)又改为巴州,六年(623)复为
岳州。天宝元年(742)改为巴陵郡,乾
元元年(758)复为岳州。此指岳州窑。

⑤寿州:隋开皇九年(589)置,治
所在寿春县(今安徽寿县)。大业三年
(607)改为淮南郡。唐武德三年(620)
复为寿州。天宝元年(742)改为寿春郡,
乾元元年(758)复为寿州。此指寿州窑。

⑥邢州:隋开皇十六年(596)置,治

法门寺出土的秘色瓷越窑大碗

唐越窑青瓷碗

唐邢窑白釉碗

唐洪州窑褐绿釉团花纹茶碗

唐越窑青釉海棠式碗

所在龙冈县(今河北邢台)。大业三年(607)改为襄国郡。唐武德元年(618)复为邢州。天宝元年(742)改为巨鹿郡,乾元元年(758)复为邢州。此指邢州窑。

⑦东瓯:亦称瓯越,为越族的一支。《史记·东越列传》:"孝惠三年,举高帝时越功,曰闽君摇功多,其民便附,乃立摇为东海王,都东瓯,世俗号为东瓯王。"后世遂以东瓯为温州或浙南地区的别称。

【译文】

碗,以越州窑出产的品质最好,鼎州窑、婺州窑、岳州窑出产的品质稍次,寿州窑、洪州窑出产的品质较差。有人认为邢州窑比越州窑的好,我认为完全不是这样。如果说邢窑瓷质地像银,那么越窑瓷质地就像玉,这是邢窑瓷不如越窑瓷的第一点;如果说邢窑瓷质地像雪,那么越窑瓷质地就像冰,这是邢窑瓷不如越窑瓷的第二点;邢窑瓷色白而使茶汤呈红色,越窑瓷色青而使茶汤呈绿色,这是邢窑瓷不如越窑瓷的第三点。晋杜育《荈赋》说:"挑拣陶瓷器皿,好的出自东瓯。"瓯,就是越州。茶瓯,越州窑出产的最好。口沿不卷边,底卷边而浅,容量半升以下。越州瓷、岳州瓷都是青色,青色能增益茶汤色泽,使茶汤呈白红色。邢州瓷白,茶汤呈红色;寿州瓷黄,茶汤呈紫色;洪州瓷褐,茶汤呈黑色。这些都不适宜盛茶。

畚①

畚,以白蒲卷而编之②,可贮碗十枚。或用筥。其纸帊以剡纸夹缝令方③,亦十之也。

【注释】

①畚(běn):原指用蒲草或竹篾编织的盛物器具。此处指放碗的器具。

②白蒲:白色的蒲草。亦称莞、符蓠、莞蒲、菖蒲等。

③纸帊(pà):茶碗的纸套子。帊,帛二幅或三幅为帊,亦作衣服解。

畚

【译文】

畚,用白蒲草卷编制成,可盛放十只碗。也有用筥作畚的。纸帊,用两层剡藤纸,夹缝成方形,也可盛放十只碗。

札

札,缉栟榈皮①,以茱萸木夹而缚之②,或截竹束而管之,若巨笔形。

【注释】

①缉:析植物皮搓捻成线。栟榈(bīng lú):木名,即棕榈。

②茱萸:植物名。香气辛烈,可入药。古俗农历九月九日重阳节,佩茱萸能祛邪辟恶。

【译文】

札,将棕榈皮拆取搓捻成线,用茱萸木夹住捆紧,或截取一段竹子像笔管一样绑缚而成,就像大毛笔的形状。

涤方

涤方,以贮涤洗之余。用楸木合之,制如水方,受八升。

【译文】

涤方,盛放洗涤后剩余的水。用楸木做成盒形,制作方法和水方一样,容量八升。

滓方

滓方,以集诸滓,制如涤方,处五升。

【译文】

滓方,用来盛各种茶渣,制作方法和涤方一样,容量五升。

巾

巾,以绝布为之①,长二尺,作二枚,互用之,以洁诸器。

【注释】

①绝(shī)布:粗厚似布的丝织物。

【译文】

巾,用粗绸子制作,长二尺,制作两块,交替使用,以清洁各种茶具。

巾

具列

具列,或作床①,或作架。或纯木、纯竹而制之,或木或竹,黄黑可扃而漆者②。长三尺,阔二尺,高六寸。具列者,悉敛诸器物,悉以陈列也。

【注释】

①床:此处指安放器物的平板或架子。

②可扃(jiōng):可以关上锁住。扃,从外关闭门户的门闩。

具列

【译文】

具列,有的做成床形,有的做成架形。有的纯用木制,有的纯用竹制,也有木竹兼用的,漆作黄黑色,有门可关。长三尺,宽二尺,高六寸。其所以称为具列,是因为可以收集、贮放陈列全部器具。

都篮

都篮,以悉设诸器而名之。以竹篾内作三角方眼,外以双篾阔者经之,以单篾纤者缚之①,递

都篮

压双经^②,作方眼,使玲珑。高一尺五寸,底阔一尺,高二寸,长二尺四寸,阔二尺。

【注释】

①纤:细。

②经:织布时用梭穿织的竖纱,编织物的纵线,与"纬"相对。

【译文】

都篮,因能装下所有器具而得名。用竹篾编成,里面编成三角形或方形的眼,外面用两道宽篾作经线,用单细篾交错地编压在两道经向的宽竹篾上,编成方眼,使它精巧细致。都篮高一尺五寸,底宽一尺,高二寸,长二尺四寸,宽二尺。

【点评】

陆羽在《二之具》中详细介绍了从事采茶、蒸茶、捣茶、拍茶、焙茶、穿茶、封茶等一系列制茶工具,《四之器》则详细介绍了二十四组共计二十八种全套饮茶器具,可见陆羽在编写《茶经》时,从内心是将"具"与"器"严格区别开来,即"制茶工具"与"饮茶器具"是两种不同概念。但比陆羽稍晚的诗人皮日休《茶中杂咏·茶具》及陆龟蒙《奉和袭美茶具十咏》诗中,却将"制茶工具"及"饮茶器具"一同混为"茶具"了,明文徵明《茶具十咏》诗也是如此。清陆廷灿《续茶经》虽刻意模仿陆羽《茶经》的写作体例,各章依照陆羽《茶经》体例命名,但仍将《二之具》与《四之器》相混淆,可见《茶经》"一直被模仿,从未被超越"。

在本章中,每种茶具都写明其制作原料、制作方法、规格及其用途。这些茶具可分为生火用具,包括风炉、灰承、筥、炭挝和火筴;煮茶用具,包括锼、交床和竹筴等;烤茶、碾茶和量茶用具,包括夹、纸囊、碾、拂末、罗合和则等;盛水、滤水和取水用具,包括水方、漉水囊、瓢和熟盂等;盛盐和取盐用具,包括鹾簋和揭;饮茶用具,包括碗和札;盛器和摆设用具,包括畚、具列和都篮等;清洁用具,包括涤方、滓方和巾等共八类。

风炉,二十四器之首,陆羽亲自设计,造型独特,与古代的鼎形状相似,用铜或铁铸造,

清代茶园

乾

巽

兑

坎

离

震

艮

坤

太极八卦图

有三足两耳。一足上刻有"坎上巽下离于中"。三格中分别铸有离、巽、坎三卦的符号及象征火禽的翟、象征风兽的彪和象征水虫的鱼,这些都是根据《周易》的卦义设计。按照卦的含义,坎主水,巽主风,离主火,其意为煮茶的水放在上面,风从下面吹入,火在中间燃烧。这也是煮茶的基本原理。第二足刻有"体均五行去百疾"。中国古代中医根据木、火、土、金、水五行的属性,联系到人体肝、心、脾、肺、肾五脏,并以五脏为中心,根据五行相生相克的原理,对五脏进行调和,以达到百病不生的愿望。这句话也充分证明了茶具有治"热渴""凝闷""脑疼""目涩""四支烦""百节不舒""消食""去痰""少睡""利水道""益意思""轻身""醒酒"等各种功用。第三足刻有"圣唐灭胡明年铸"。"圣唐灭胡",即指唐代宗在广德元年(763)依靠郭子仪、李光弼等九位节度使彻底平定历时八年的安史之乱。陆羽于安史之乱后第二年(764)铸造风炉,并在自己设计的风炉上注明这个事件,表明了陆羽对国家兴亡的关注之情以及对社会和平的向往。炉身三个小窗分别书有"伊公""羹陆""氏茶",即所谓"伊公羹、陆氏茶"也。伊公,即商朝开国元勋伊尹。他用"以鼎调羹""调和五味"的理论治理天下,使得经济繁荣、政治清明。陆羽在此"以鼎调茶",希望自己能像伊公一样跻入时世政治从而施展匡时济世的向往和抱负。唐耿沣《连句多暇赠陆三山人》中称赞陆羽"一生为墨客,几世作茶仙",陆羽却吟出"喜是攀阑者,惭非负鼎贤"之句,更加说明陆羽一直有伊公负鼎的政治理想和抱负。对于陆羽所设计的鼎形风炉,唐皮日休、陆龟蒙都曾作有《茶鼎》诗进行描述。

　　镤,就是用生铁铸造的大口锅,有方形的锅耳,口沿要宽,脐部要突出,以便火力集中。

韦鸿胪　　　　木待制　　　　金法曹　　　　石转运

胡员外　　　　罗枢密　　　　宗从事　　　　漆雕秘阁

陶宝文　　　　汤提点　　　　竺副帅　　　　司职方

宋审安老人《茶具十二图赞》

　　《茶具十二图赞》收录宋代"点茶法"使用的一套茶具,计十二种。审安老人运用图解,以拟人法赋予茶具姓名、字号,并用官名称呼之。虽为游戏文字,却反映了南宋茶具的历史真实面貌。这十二种茶具依次为茶炉(焙)、茶臼、茶碾、茶磨、茶瓢、茶罗、茶刷、盏托、茶碗、茶瓶、茶筅、茶巾,这与陆羽《茶经》中所提到的二十四器有所不同,这主要是因为唐代的饮茶方式为"煎茶法",到了宋代饮茶方式多为"点茶法"。随着饮茶方式的改变,茶具也随之而改变。

宋陶毂《清异录》:"富贵汤当以银铫煮之,佳甚。铜铫煮水,锡壶注茶,次之。"宋蔡襄《茶录》:"茶瓶要小者,易于候汤,且点茶注汤有准。黄金为上,若人间以银铁或瓷石为之。"宋徽宗《大观茶论》:"瓶宜金银,大小之制,惟所裁给。"到了宋代,镀就被铫和瓶所替代了。

碾,"以橘木为之,次以梨、桑、桐、柘为之"。陆羽认为以木制茶碾为好。宋蔡襄《茶录》:"茶碾,以银或铁为之。"宋徽宗《大观茶论》:"碾以银为上,熟铁次之。"蔡襄和宋徽宗都主张用银或熟铁制作茶碾,这说明木制茶碾已不适宜碾茶了。

唐李肇《国史补》:"内丘白瓷瓯,端溪紫石砚,天下无贵贱通用之。"其中"内丘白瓷"指的就是邢窑的白瓷。邢窑窑址在今河北邢台内丘县和临城县祁村一带,始于隋唐年间,精于烧制白瓷,与当时南方越窑的青瓷形成"南青北白"的两大制瓷系统。陆羽从"邢窑瓷质地像银,越窑瓷质地像玉""邢窑瓷质地像雪,越窑瓷质地像冰""邢窑瓷色白而使茶汤呈红色,越窑瓷色青而使茶汤呈绿色"三个方面认为邢窑白瓷不如越窑青瓷。陆羽除了将邢窑白瓷与越窑青瓷做了对比外,还对唐代六大青瓷窑进行了排序,认为依次为越州窑、鼎州窑、婺州窑、岳州窑、寿州窑、洪州窑。

如上所述,饮茶用具的设计与茶汤的色、香、味都有很大关系,在茶具的取材上,除了要求坚固耐用、古雅美观外,还要求有益于茶汤的色、香、味,至少不要损坏茶汤。茶具多用竹、木、铁等材料,这也与陆羽提倡的"茶宜精行俭德之人""茶性俭"的饮茶理念遥相呼应。

茶经

卷 下

五之煮

凡炙茶，慎勿于风烬间炙，熛焰如钻^①，使炎凉不均。持以逼火，屡其翻正，候炮_{普教反}。出培𪩘^②，状虾蟆背，然后去火五寸。卷而舒，则本其始又炙之。若火干者，以气熟止；日干者，以柔止。

【注释】

①熛（biāo）焰：飞迸的火焰。

②炮（páo）：古烹饪法的一种。原指用烂泥等裹物烧烤，此指用火烘烤。培𪩘（lǒu）：本作"部娄"，小土丘。此指突起的小疙瘩。

【译文】

凡炙烤饼茶，注意不要在通风的余火上烤，因为飞迸的火焰就像钻头一样，使饼茶烤炙受热不均匀。烤炙时要夹着饼茶靠近火，不停地翻动，等到饼茶表面烤出突起的像蛤蟆背上

明陈洪绶《烹茶图》

图中画三角形亭，亭中有二高士对坐，右边着红衣者以扇扇炉，左边高士身后立有书童，二人正煮茶论道。

的小疙瘩时炮读音为普、教反切音。然后离火五寸。当卷曲的饼茶又舒展开,再按先前的办法烤一次。如果制茶时是用火烘干的,以烤到冒热气为止;如果是太阳晒干的,以烤到柔软为止。

　　其始,若茶之至嫩者,蒸罢热捣,叶烂而牙笋存焉。假以力者,持千钧杵亦不之烂,如漆科珠①,壮士接之,不能驻其指②。及就,则似无禳骨也③。炙之,则其节若倪倪如婴儿之臂耳④。既而,承热用纸囊贮之,精华之气无所散越⑤,候寒末之。末之上者,其屑如细米;末之下者,其屑如菱角。

【注释】

　　①漆科珠:涂漆的珠子。漆,涂漆。科,同"颗"。

　　②驻:停留,拿住。

　　③禳(ráng):同"穰",禾茎中白色柔软的部分。

　　④倪倪:幼弱。

　　⑤散越:犹涣散外越。

【译文】

　　开始制茶时,如果是很鲜嫩的茶叶,蒸后趁热舂捣,叶子捣烂了芽尖仍然完整。如果只用蛮力,拿千钧重的杵也捣不烂它,这就如再有劲的人也很难用手指拿稳接牢涂漆的珠子一样。捣好之后的茶叶,好像一条茎梗也没有了。烤炙之后,就会像幼弱婴儿的手臂一样绵软。烤好后趁热用纸袋装起来,使它的香气不致散失,等茶冷却后再碾成细末。上等的茶末,其碎屑如细米;下等的茶末,其碎屑如菱角状。

　　其火,用炭,次用劲薪①。谓桑、槐、桐、枥之类也②。其炭,曾经燔炙③,为膻腻所及④,及膏木、败器⑤,不用之。膏木为柏、桂、桧也⑥。败器,谓朽废器也。古人有劳薪之味⑦,信哉!

明丁云鹏《煮茶图》

　　此图右上绘一株盛开的玉兰树，花朵灼灼，繁而不乱。中部有一假山，玲珑剔透。其下设一榻，左角置一竹炉，一中年人安坐榻上，静观煮茶，旁立一红衣老仆，手中捧一斗笠状器具。前有石案，上设壶、杯、盆景、书籍、古玩等。右侧另有一仆下蹲，似从缸中取水。此幅图非常详尽地描绘了煮茶情景。

【注释】

①劲薪：指比较坚硬的木柴，燃烧时间较长，火力较强，故名"劲薪"。

②枥：同"栎"。落叶乔木。木材坚实，可做枕木和机械用材。因其木理斜曲，古代多作炭薪。

③燔（fán）炙：指烤肉。

④膻腻：膻腥油腻的食物。

⑤膏木：富含油脂的树木。败器：朽坏腐烂的木器。

⑥柏：柏树。常绿乔木。木材质地坚硬，可用来做建筑材料等。桂：桂花树。常绿乔木。树皮可以健胃，又可调味。桧（guì）：即圆柏。常绿乔木。木材桃红色，有香气。

⑦劳薪之味：指用废旧或不适宜的木材烧煮，会使食物产生不好的味道。《晋书·荀勖传》："（勖）尝在帝坐进饭，谓在坐人曰：'此是劳薪所炊。'咸未之信。帝遣问膳夫，乃云：'实用故车脚。'举世伏其明识。"按，木轮车以运载，而车脚最吃力，用以为薪，故称"劳薪"。

【译文】

烤茶的火，最好用木炭，其次用火力较强的木柴。如桑木、槐木、桐木、栎木之类。曾经烤过肉，染上膻腥油腻气味的炭，以及富含油脂的树木与朽坏腐烂的木器，都不能用来烤茶。膏木为柏木、桂木、桧木之类。败器，指朽坏腐烂的木器。古人有所谓"劳薪之味"的说法，确实如此。

其水，用山水上，江水中，井水下。《荈赋》所谓："水则岷方之注①，揖彼清流②。"其山水，拣乳泉、石池慢流者上③。其瀑涌湍漱④，勿食之，久食，令人有颈疾⑤。又多别流于山谷者，澄浸不泄⑥，自火天至霜郊以前⑦，或潜龙蓄毒于其间⑧，饮者可决之，以流其恶，使新泉涓涓然，酌之。其江水，取去人远者。井，取汲多者。

【注释】

①岷方之注：岷江流淌的清水。

②挹：同"挹"，汲取。

③乳泉：指钟乳石上的滴水。

④瀑涌湍漱：飞溅翻涌的急流。

⑤颈疾：颈部疾病。

⑥澄：清澈而不流动。

⑦火天：夏天。五行火主夏，故称。霜郊：疑为霜降。节气名。

⑧潜龙：古人认为龙蛇居于水中，称为潜龙。

【译文】

煮茶的水，以山上的水最好，其次是江河的水，井水最差。如同《荈赋》所说的："舀取岷江流淌的清水。"山上的水，最好选取钟乳石上的滴水和石池中缓慢流淌的水。飞溅翻涌的急流水不要饮用，经常喝这种水会使人产生颈部疾病。还有一些停蓄于山谷的水，水虽清澈而不流动，从炎热夏天到霜降之前，也许会有龙蛇之类潜伏其中，水质污染有毒，饮用时应先挖开缺口，使污秽有毒的水流走，新的泉水涓涓而来，然后酌取。江河水，要到远离人居住的地方去取。井水，要从经常汲水的井中汲取。

明钱谷《惠山煮泉图》

《惠山煮泉图》是钱谷于隆庆四年（1570）十二月九日所绘，记录钱谷与四位友人于"天下第二泉"无锡惠山试泉品茗的雅事。画中钱谷与四位友人品茶赏景，一个童子汲水于井中，另两个童子烹茶于树下。画中古树用笔疏淡，人物偶现几处浓墨点缀，真实呈现了晚明文人潇洒怡然的生活情景。

其沸,如鱼目^①,微有声,为一沸;缘边如涌泉连珠,为二沸;腾波鼓浪,为三沸。已上水老,不可食也。初沸,则水合量调之以盐味,谓弃其啜余^②。啜,尝也,市税反,又市悦反。无乃餡醏而钟其一味乎^③? 上古暂反,下吐滥反,无味也。第二沸,出水一瓢,以竹筴环激汤心,则量末当中心而下。有顷,势若奔涛溅沫,以所出水止之,而育其华也。

【注释】

①鱼目:刚刚沸腾的水泡像鱼眼。

②弃其啜余:将尝过剩下的水倒掉。

③餡醏(gàn tàn):没有味道。

【译文】

煮水时,刚刚沸腾的水泡像鱼眼,有轻微的响声,称为"一沸";锅的边缘水泡连珠般地往上冒,称为"二沸";沸水像波浪翻腾时,称为"三沸"。再继续煮,水就煮老了,不宜饮用。刚开始沸腾时,估算水量放适当的食盐调味,将尝过剩下的水倒掉。啜,就是尝,读音为市、税二字的反切音,又读为市、悦二字的反切音。切莫因水无味而只喜欢盐这种味道。餡读音为古、暂二字的反切音,醏读音为吐、滥二字的反切音,餡醏意无味。第二沸时,舀出一瓢水,再用竹筴在沸水中转圈搅动,用茶则取适量的茶末从旋涡中心倒入。过一会儿,沸水就像奔腾的波涛水沫飞溅,再把刚才舀出的水掺入,使水不再沸腾,以保养水面生成的汤花。

凡酌,置诸碗,令沫饽均^①。字书并《本草》^②:饽,均茗沫也。蒲笏反。沫饽,汤之华也。华之薄者曰沫,厚者曰饽,细轻者曰花。如枣花漂漂然于环池之上,又如回潭曲渚青萍之始生^③,又如晴天爽朗有浮云鳞然^④。其沫者,若绿钱浮于水湄^⑤,又如菊英堕于樽俎之中^⑥。饽者,以滓煮之,及沸,则重华累沫,皤皤然若积雪耳^⑦。《荈赋》所谓"焕如积雪,烨若春薮"^⑧,有之。

清钱慧安《烹茶洗砚图》

  钱慧安为其友文舟所绘肖像。画中文舟置身于苍松掩映下的水榭中凭栏远眺,榭内琴案上置有瑶琴、书函、茶具、鼎彝、赏瓶等。院中两个小童,一个正蹲在水边洗砚,数尾金鱼在砚前快活嬉戏;另一小童正手持蒲扇在火炉边烹茶,火炉上是一把东坡提梁壶,炉边有色泽古雅的茶叶罐,小童正侧首观看飞舞的仙鹤。此种幽静的自然环境,正是文人雅士所心仪的理想境界。

【注释】

①沫饽:茶水煮沸时产生的浮沫。

②字书:古时称解释文字形音义的著作为字书。此指当时已有的字典,如《说文解字》《广韵》《切韵》《开元文字音义》等。

③回潭:回旋流动的潭水。曲渚(zhǔ):曲折的小洲。渚,水中小块陆地。青萍:水生植物。浮萍的别称。

④浮云鳞然:鱼鳞状的云。

⑤绿钱:指苔藓。因其青圆似钱,故名。晋崔豹《古今注》下《草木》:"空室中无人行则生苔藓,或紫或青,名曰圆藓,又曰绿藓,亦曰绿钱。"

⑥菊英:菊花。不结果的花叫英。樽俎(zǔ):古代盛酒食的器皿。樽以盛酒,俎以盛肉。

⑦皤皤(pó)然:原指头发白,此处形容白色的茶沫。

⑧烨若春藪(fū):灿烂的像春天的花。烨,光辉,灿烂。藪,花叶舒展的样子。

【译文】

饮茶时,要多放置几个碗,让茶水煮沸时产生的浮沫均匀地分配到各个碗中。字书并《本草》说:饽是茶沫。读音为蒲、笏二字的反切音。这些浮沫,就是茶汤中的精华。薄的叫沫,厚的叫饽,细轻的叫花。茶花就像枣花在圆形的水池中浮动,又像回旋流动的潭水与曲折的小洲间新生的浮萍,又像晴朗天空中的鱼鳞状浮云。茶沫,就像苔藓浮在水边,又如菊花飘落在杯中。茶饽,煮茶渣浡沸腾后表面形成的层层汤花茶沫,白白的像积雪一样。《荈赋》中讲汤花"明亮似积雪,光彩如春花",的确有这样景象。

第一煮水沸,而弃其沫之上有水膜如黑云母①,饮之则其味不正。其第一者为隽永,徐县、全县二反②。至美者曰隽永。隽,味也。永,长也。味长曰隽永。《汉书》:蒯通著《隽永》二十篇也③。或留熟盂以贮之,以备育华救沸之用。诸第一与第二、第三碗次之，第四、第五碗外，非渴甚莫之饮。凡煮水一升，酌分五碗。碗数少至三，多至五；若人多至十，加两炉。乘热连饮之，以重浊凝其下，精英浮其上。如冷，则精英随气而竭，饮啜不消亦然矣。

宣化辽墓壁画《备茶图》《敬茶图》

　　《备茶图》中，左侧一髡头童子曲身执扇对着上置汤瓶的火盆扇风煮火候汤，盆中炉火正炽；右侧男子左手端茶盘，盘中有两盏茶，右手举起，似乎在向中间侧耳倾听的妇人吩咐着什么，两人身前桌上放有白色盏托和白色茶盏。《敬茶图》中左侧黑衣人似为主人，主人前面桌上放有梅瓶和如意，中间似为侍者，正与主人讲述什么，右侧妇人端着茶盘，盘中有两盏茶，似正欲给主人送茶敬茶。

【注释】

　　①黑云母：矿物名，云母属于硅酸盐类矿物。晶体常成假六方片状，集合体为鳞

片状,薄片有弹性。玻璃光泽,半透明,有白色、黑色、深浅不同的绿色或褐色等。黑云母属于其中一种。

②徐县、全县二反:隽读音有徐、县二字反切音和全、县二字反切音两种。

③蒯(kuǎi)通著《隽永》二十篇也:《汉书·蒯通传》:"通论战国时说士权变,亦自序其说,凡八十一首,号曰《隽永》。"与此处所说二十篇有出入。蒯通,本名蒯彻,因避武帝刘彻讳,史称蒯通。秦末汉初范阳(今河北定兴)人。陈胜起义后,派武臣北攻赵地,他说范阳令徐公归降,使武臣不战而下三十余城。后又说韩信攻取齐地,并劝他离叛刘邦自立为王,独立发展其势力,韩信不听,遂佯狂离去。惠帝时,为丞相曹参宾客。

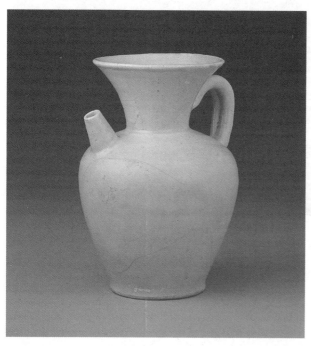

唐白瓷茶瓶

【译文】

水第一次煮开时,要把浮沫上一层像黑云母样的膜状物去掉,如果饮用其味道不佳。此后,从锅里舀出的第一道水,味美味长,称为隽永,隽有徐、县二字的反切音和全、县二字的反切音两种读法。最美的味称为隽永。隽,味道。永,长久。味道长久就是隽永。《汉书》中说蒯通著《隽永》二十篇。或者将其贮放在熟盂里,以备孕育茶汤精华和止沸之用。其后舀出第一、第二、第三碗,茶汤味道略差一些,第四、第五碗之外的茶汤,要不是太渴就不值得饮用了。一般烧水一升,可分作五碗。碗的数量少则为三,多则为五;如果人多至十人,则加煮两炉。要趁热连续饮用,因为重浊的茶渣凝聚在下面,精华飘浮在上面。如果茶一凉,精华部分就随热气散失消竭,即使连着喝也是一样。

茶性俭,不宜广,广则其味黯澹^①。且如一满碗,啜半而味寡,况其广乎!其色缃也^②,其馨致也^③。香至美曰致,致音使。其味甘,槚也;不甘而苦,荈也;啜苦咽甘,茶也。《本草》云:"其味苦而不甘,槚也;甘而不苦,荈也。"

【注释】

①黯澹:即"暗淡"。阴沉,昏暗。此处指茶味淡薄。

②缃(xiāng):浅黄色。

③致(sǐ):香美。与原文注音不同。

【译文】

茶性俭约,水不宜多放,水多则茶的味道就淡薄。就像一满碗茶汤,喝了一半,味道就觉得淡了,何况水加多了呢!茶汤呈浅黄色,味道香美。香得至美称为致,致读音为使。味道甘甜的是槚,不甜而苦的是荈,入口时有苦味而咽下去又感到甘甜的是茶。《本草》说:"味道苦而不甜的是槚,甘甜而不苦的是荈。"

【点评】

本章详细论述了炙烤饼茶的方法和炙烤饼茶的燃料,烹茶的水和烹茶的方法以及如何饮用茶水。

首先用火炙烤饼茶。"慎勿于风烬间炙,熛焰如钻,使炎凉不均",这是对炙烤饼茶的环境提出的要求,因为通风会使飞迸的火焰就像钻头一样,从而使饼茶烤炙受热不均匀。"持以逼火,屡其翻正",说明炙烤饼茶的温度要高,但要经常翻动,以免使饼茶"炎凉不均"。"状虾蟆背",这是炙烤时饼茶表面发生的变化。当再次炙烤时,如果制茶时是用火烘干的,以烤

南宋刘松年《撵茶图》(局部)

　　画中左前方一人骑坐在长条矮几上,右手正在转动茶磨磨茶。旁边的黑色方桌上陈列筛茶的茶筅、贮茶的茶盒、茶盏、盏托、茶匙、茶筅等,桌边挂着茶巾。另一人正伫立桌边,右手提汤瓶,左手执茶盏,正向放着茶勺的茶盆内冲汤调茶膏,左手边放着茶筅欲待点茶。桌旁有煮水的风炉,风炉上面是烧水提釜。画面右上方的贮水瓮上覆盖着荷叶。通过这幅画,我们可以对宋代的茶具、煮茶工艺有个直观的了解。

到冒热气为止；如果是太阳晒干的，以烤到柔软为止。炙烤好的饼茶要"承热用纸囊贮之"，使其"精华之气无所散越"，可见炙茶这一程序对茶有着焙香的作用。宋蔡襄《茶录》："茶或经年，则香色味皆陈。煮时先于净器中以沸汤渍之，刮去膏油去声，一两重即止。乃以钤钳之，用微火炙干，然后碎碾。若当年新茶，则不用此说。"由于宋代在制茶过程中已把茶叶研透，所以只有陈茶才需要"微火炙干"，新茶"则不用此说"了。

炙烤饼茶的燃料，最好用木炭，其次用火力强劲的木柴。沾染膻腥油腻的木炭、带有油脂的木柴及朽坏的木器都不能用于煮茶，因为这样煮出来的茶水会有"劳薪之味"。烹茶的水，明张大复《梅花草堂笔谈》提到："茶性必发于水，八分之茶遇十分之水，茶亦十分矣。八分之水试十分之茶，茶只八分耳。"由此可见水对茶的重要性。陆羽认为"山水上、江水次、井水下"，只要选择得当，皆可为煮茶之水。而山水"乳泉、石池慢流者"

五代瓜棱白瓷水盂

为上，"瀑涌湍漱"不能饮用；江水要取远离人类活动区域的，这样不至于被污染；井水要取自使用多的井里的，这样才能常换常新。唐张又新《煎茶水记》记载刘伯刍将天下适合泡茶的水分为七等；陆羽品评天下山水，将适合泡茶的水分为二十等。清王士祯《古夫于亭杂录》认为刘伯刍、陆羽二人只是跬步于江南数百里内之水，并未见长江以北之水，像济南著名的就有七十二泉。用这些泉水烹茶，品质都不在惠山泉水之下。

煮水时先把水放入镂中烧开。陆羽将水烧开沸腾分为三个程度："沸如鱼目，微有声"

为第一沸；"缘边如涌泉连珠"为第二沸；"腾波鼓浪"为第三沸。前两沸是烧水，后一沸是煮茶。在第二沸时，舀出一瓢水，再用竹筴在沸水中转圈搅动，用茶则取适量的茶末从旋涡中心倒入。过一会儿，沸水就像奔腾的波涛水沫飞溅，再把刚才舀出的水掺入，使水不再沸腾，以保养水面生成的汤花。

唐青瓷水注　　　　　　　　　　　唐寿州窑瓷汤瓶

　　煮好后就用瓢舀茶，当水第一次煮沸时，要把浮沫上一层像黑云母样的膜状物去掉，否则饮用时茶味道不好。此后，从锅里舀出的第一道水称为"隽永"，通常贮放在熟盂里，以备孕育茶汤精华和止沸之用。一般烧水一升，可分作五碗，要使各碗沫饽均匀，否则五碗茶的滋味也就不一样了。茶需"乘热连饮"，这样才不会使"精英随气而竭"了。

　　本章最后提出的"茶性俭，不宜广"的观点，也与《一之源》"茶宜精行俭德之人"的饮茶理念遥相呼应。

茶经

卷 下
六之饮

　　翼而飞①,毛而走②,呿而言③,此三者俱生于天地间,饮啄以活④,饮之时义远矣哉! 至若救渴,饮之以浆⑤;蠲忧忿⑥,饮之以酒;荡昏寐⑦,饮之以茶。

【注释】

　　①翼而飞:长翅膀能飞的飞禽。

　　②毛而走:长毛能跑的走兽。

　　③呿(qù)而言:张口能说话的人类。呿,张口。

　　④饮啄:饮水啄食。语出《庄子·养生主》:"泽雉十步一啄,百步一饮,不蕲畜乎樊中。"引申为吃喝,生活。

　　⑤浆:古代酿制的一种带酸味的饮料。后引申泛指饮料。

　　⑥蠲(juān)忧忿:消除忧虑悲忿。蠲,消除。

　　⑦荡昏寐:消除昏沉困倦。荡,消除,洗涤。

【译文】

　　长翅膀能飞的飞禽,长毛能跑的走兽,张口能说话的人类,这三者都生存于天地间,依靠饮水啄食来维持生命,可见饮的时间漫长,意义深远。为了解渴,需要饮浆;为了消除忧虑悲忿,需要喝酒;为了消除昏沉困倦,需要喝茶。

　　茶之为饮,发乎神农氏①,闻于鲁周公②。齐有晏婴③,汉有扬雄、司马相如④,吴有韦曜⑤,晋有刘琨、张载、远祖纳、谢安、左思之徒⑥,皆饮焉。滂时浸俗⑦,盛于国朝,两都并荆渝间⑧,以为比屋之饮⑨。

茶
经

【注释】

①神农氏：又称炎帝，号神农氏，又号魁隗氏、连山氏、列山氏。传说中的上古三皇之一。他用木制作耒、耜，教民农业生产。又传他曾尝百草，发现药材，教人治病。因有后人伪作的《神农本草》等书流传，其中提到茶，故云"发乎神农氏"。

②闻：闻名，出名。

③晏婴（？—前500）：字平仲，莱之夷维（今山东高密）人。春秋时齐国大夫，历仕齐灵公、庄公、景公三世。曾多次奉命出使，以能言善辩著称。现存的《晏子春秋》一书一般认为是战国时人辑其言行编成。

④司马相如（前179—前117）：字长卿，蜀郡成都（今属四川）人。因慕蔺相如为人，遂改此名。西汉著名辞赋家。现存《子虚赋》《上林赋》《长门赋》等。

⑤韦曜（yào，约204—273）：原名昭，避晋讳改，字弘嗣。吴郡云阳（今江苏丹阳）人。东吴四朝重臣。撰《吴书》《国语注》《洞纪》《官职训》《辨释名》等。

⑥刘琨（270—318）：字越石，中山魏昌（今河北无极）人。他出身士族，少好老庄，早年与石崇、陆机等人为友，以文章依附于权贵贾谧，时称"二十四友"。张载：字孟阳，安平（今属河北）人。与弟张协、张亢都以文学著称，并称"三张"。远祖纳：即陆纳（约326—395），字祖言，吴郡吴县（今江苏苏州）人。少有清操，贞厉绝俗。累迁黄门侍郎、本州别驾、尚书吏部郎，出为吴兴郡太

《封氏闻见记》书影

封氏闻见记卷第六

唐朝散大夫检校尚书吏部郎中兼御史中丞赵郡封演撰

饮茶

茶早采者为茶，晚采者为茗。本草云止渴令人不眠。南人好饮之，北人初不多饮。开元中，泰山灵岩寺有降魔师大兴禅教，学禅务于不寐，又不夕食，皆许其饮茶。人自怀挟，到处煮饮，从此转相仿效，遂成风俗。自邹、齐、沧、棣渐至京邑城市，多开店铺煎茶卖之，不问道俗投钱取饮。其茶自江淮而来，舟车相继，所在山积，色额甚多。

楚人陆鸿渐为茶论，说茶之功效并煎茶炙茶之法，造

南宋刘松年《茗园赌市图》

　　茗园，就是民间茶楼茶肆，供人喝茶的地方；赌市，则是专门提供给茶贩们斗茶比拼的场所。此图对茶贩斗茶场景中人物神情、动作以及斗茶器具进行了细腻刻画，是研究宋代民间斗茶文化的宝贵史料。

守。陆羽与之同姓,尊为远祖,故称远祖纳。谢安(320—385):字安石,陈郡阳夏(今河南太康)人。太元八年(383)前秦苻坚军南下,为征讨大都督,指挥弟谢石、侄谢玄力拒,获淝水之战大胜。卒赠太傅,谥文靖。左思(约250—305):字太冲,临淄(今属山东)人。其《三都赋》颇被当时称颂,造成"洛阳纸贵"。

⑦滂时浸俗:指形成社会风气。滂,滂沱,雨势盛大的样子。浸,浸淫。

⑧两都:指唐朝京城长安(今陕西西安)和东都洛阳。荆:荆州,西汉武帝置,为"十三刺史部"之一。东汉治汉寿县(今湖北常德东北)。其后屡经迁移,东晋时定治江陵县(今湖北江陵)。唐上元元年(674)升为江陵府。渝:渝州,隋开皇元年(581)以楚州改名,治所在巴县(在今重庆)。大业初改为巴郡。唐武德元年(618)复为渝州,天宝初改为南平郡,乾元初仍为渝州。唐代荆渝一带诸州皆产茶。

⑨比屋之饮:家家户户都饮茶。比屋,一家挨着一家。

【译文】

茶作为饮料,起源于神农氏,周公旦作了文字记载而为世人所知。春秋时齐国的晏婴,汉代的扬雄、司马相如,三国时吴国的韦曜,晋代的刘琨、张载、陆纳、谢安、左思等人都喜欢饮茶。然而饮茶逐渐成为社会风气,则在本朝达于鼎盛,在京城长安、东都洛阳以及荆州、渝州一带,更是家家户户都饮茶。

饮有粗茶、散茶、末茶、饼茶者①。乃斫、乃熬、乃炀、乃舂②,贮于瓶缶之中,以汤沃焉,谓之痷茶③。或用葱、姜、枣、橘皮、茱萸、薄荷之等④,煮之百沸,或扬令滑,或煮去沫,斯沟渠间弃水耳,而习俗不已。

【注释】

①粗茶:指芽叶较粗老,加工较粗糙的茶叶。散茶:未压制成片、团的茶叶。末茶:加工后形成的茶类,是一种成品茶,宋代又称食茶。饼茶:以形状似饼而得名。

②斫(zhuó)：伐枝取叶。熬：蒸煮茶叶。炀(yàng)：焙烤茶叶。舂：捶捣茶叶，碾磨成粉。

③痷(ān)茶：古代饮茶术语。将茶末放在瓶缶中用开水冲泡后饮用。

④薄荷：多年生草本植物，茎有四棱，叶子对生，花呈红、白或淡紫色，茎和叶子有清凉的香味，可以入药，或用于食品。

【译文】

　　饮用的茶有粗茶、散茶、末茶、饼茶。将茶经过伐枝取叶、蒸煮、焙烤、捶捣等程序加工，放到瓶缶中，用开水冲泡，称为"痷茶"。或同葱、姜、枣、橘皮、茱萸、薄荷等物长时间混煮，或将茶汤扬起使之柔滑，或在煮时去掉茶沫，这样的茶无异于倒在沟渠里的废水，但是这种习俗却流传不止。

元末明初赵原《陆羽烹茶图》
　　这是一幅以陆羽烹茶为题材的画。画中远山绵延起伏，近水清幽。有一山岩平缓突出水面，轩中陆羽扶膝踞坐于榻上，一童子正拥炉烹茶。左上方赵原自题诗："山中茅屋是谁家，兀坐闲吟到日斜。俗客不来山鸟散，呼童汲水煮新茶。"

於戏！天育万物，皆有至妙。人之所工，但猎浅易。所庇者屋，屋精极；所著者衣，衣精极；所饱者饮食，食与酒皆精极之。茶有九难：一曰造，二曰别，三曰器，四曰火，五曰水，六曰炙，七曰末，八曰煮，九曰饮。阴采夜焙，非造也；嚼味嗅香，非别也；膻鼎腥瓯^①，非器也；膏薪庖炭^②，非火也；飞湍壅潦^③，非水也；外熟内生，非炙也；碧粉缥尘^④，非末也；操艰搅遽^⑤，非煮也；夏兴冬废，非饮也。

明佚名《品茶图》
山崖下，清泉边，兰花盛开，一人对风炉扇风煮茶，竹炉上一把东坡提梁壶，方桌上面放着青铜器具及茶壶、茶盏，对面二人坐在长条凳上品茶。三人神态安闲，正所谓"独啜曰幽，二客曰胜，三四曰趣"。

【注释】

①膻鼎腥瓯(ōu)：沾染了腥膻气味的锅碗。

②膏薪：含油脂丰富的木柴。明屠隆《考槃馀事》："汤最恶烟，非炭不可……若暴炭膏薪，浓烟蔽室，实为茶魔。"庖炭：厨房里沾染了油腥气味的炭。

③飞湍：飞奔的急流。壅潦：停滞的积水。潦，雨后积水。

④碧粉缥尘：指较差的茶末的颜色呈青绿与青白色。缥，青白色，浅青色。

⑤操艰搅遽：操作不熟练,搅动太急。

【译文】

唉！天生万物,都有它最精妙之处。人们所擅长的,仅仅涉及那些浅显易做的事而已。人居住的是房屋,房屋构造精致极了；人所穿的是衣服,衣服做的精美极了；人所充饥饱腹的是饮食,食物和酒都精美极了。而茶要做到精致却有九大难题:一是制造,二是鉴别,三是器具,四是取火,五是择水,六是烤炙,七是研末,八是烹煮,九是品饮。阴天采摘夜间焙烤,是制造不当；凭咀嚼辨味,鼻闻辨香,是鉴别不当；用沾染了腥膻气味的锅碗盛饮,是器具不当；用含油脂丰富的柴和沾染了油腥气味的炭,是取火不当；用飞奔的急流和停滞的积水,是用水不当；茶饼烤得外熟内生,是烤炙不当；把茶研磨成青绿或青白色的茶末,是研末不当；操作不熟练,搅动太急,是烹煮不当；夏天饮茶而冬天不饮茶,是饮用不当。

夫珍鲜馥烈者①,其碗数三。次之者,碗数五。若座客数至五,行三碗；至七,行五碗；若六人以下,不约碗数,但阙一人而已②,其隽永补所阙人。

【注释】

①珍鲜馥烈:指香味浓美的好茶。

②阙一人:指故意缺少一碗茶。

【译文】

香味浓美的好茶,一炉只能煮三碗。味道稍次一些的茶,也只能一炉煮五碗。假如座上达到五位客人,就舀出三碗分饮；达到七人,就舀出五碗分饮；假如是六人以下,就不必估量碗数,只要按缺少一人的就行,用"隽永"来补给那一个人。

【点评】

本章详细论述了饮茶的现实意义、饮茶的风俗和饮茶的方式方法。

人类以及所有生活在天地间的飞禽走兽,都要依靠喝水、吃食来维持生命。陆羽认为,

明李士达《竹林七贤图》（局部）

　　此图描绘了魏末晋初的嵇康、阮籍、山涛、向秀、刘伶、王戎及阮咸七位名士在当时的山阳县（今河南修武一带）竹林之下喝酒、纵歌的场景。七人处于社会动荡时期，不仅无法施展才华，而且时有性命之忧，于是他们用清谈、饮酒、佯狂等形式来排遣心中的苦闷。

茶不是一般的止渴饮料，也不同于酒精饮料，而是一种在生理和心理上"荡昏寐"，起提神除睡作用的饮料。

传说茶作为饮料始于神农，周公以文字记载而为后人所知。春秋时齐国的晏婴，汉代的扬雄、司马相如，三国时吴国的韦曜，晋代的刘琨、张载、陆纳、谢安、左思等人都喜欢饮茶。唐朝京城西安、东都洛阳以及荆州、渝州一带，"比屋"而饮，饮茶之风非常盛行。

"饮有粗茶、散茶、末茶、饼茶"，这是在《茶经》写作年代存在的各种茶叶形态。这些茶经过伐枝取叶、蒸煮、焙烤、捶捣等程序进行加工，放到瓶缶中，用开水冲泡，称为"痷茶"；还有掺杂葱、姜、枣、橘皮、茱萸、薄荷等物混合煮饮很长时间的茶羹汤。在陆羽眼中，用上述两种方法调制的茶汤无异于倒在沟渠里的废水。

陆羽认为，天地间的万物，都有其精妙之处。人类所擅长的，仅仅是那些浅显易做的事情而已。但茶对人而言，却是一件极不容易做到精妙的事情。因为从制茶到饮茶有九大难题：一是茶叶的采摘、制造，二是饼茶的鉴别，三是煮茶的器具，四是烤炙饼茶所用的柴火，五是煮茶水质的选择，六是茶饼的烤炙，七是茶末的碾碎，八是茶汤的煎煮，九是茶汤的品饮。从茶的制造难到品饮难，其实最难是在用心。只有解决了制茶到饮茶的九大难题，才能明白陆羽《茶经》的深奥意境和事理。

陆羽对茶味的要求是"珍鲜馥烈"，也就是香味浓美。陆羽对饮茶人数与茶碗设置的数量有明确要求，这表明他饮茶的目的在于"品"茶，是将饮茶看作精神上的享受。

茶经

卷下

七之事

三皇①：炎帝神农氏。

【注释】

①三皇：关于三皇的提法，历来争论比较大，大致说来有这样一些说法：伏牺、女娲、神农（《春秋元命苞》）；伏牺、神农、祝融（《白虎通·号篇》）；伏牺、神农、共工（《通鉴外记·引》）；伏牺、神农、燧人（《白虎通·德论》）；伏牺、神农、黄帝（《玉函山房》辑佚书引《礼稽命征》）；轩辕、神农、赫胥（《越绝书》引战国时人风胡子语）。从"三皇"至"皇朝：徐英公勣"，在体例上类似"纲目"。

传说炎帝神农氏尝百草多次中毒，多亏了茶解毒。

【译文】

三皇：炎帝神农氏。

周：鲁周公旦，齐相晏婴。

【译文】

周朝：鲁国周公姬旦，齐国国相晏婴。

汉：仙人丹丘子，黄山君①，司马文园令相如②，扬执戟雄。

【注释】

①黄山君：传说中的人物。晋葛洪《神仙传》："黄山君者，修彭祖之术，年数百岁，

犹有少容。亦治地仙,不取飞升。彭祖既去,乃追论其言,为《彭祖经》。"

②司马文园令相如:即司马相如。司马相如曾任孝文园令,即汉文帝之陵的陵园令。陵园令是掌管陵园扫除之事的小官。

【译文】

汉朝:仙人丹丘子,黄山君,孝文园令司马相如,执戟郎扬雄。

吴:归命侯①,韦太傅弘嗣②。

【注释】

①归命侯:即三国时吴国末代皇帝孙皓(242—283)。孙皓,字元宗,一名彭祖,字皓宗。天纪四年(280),晋军六路攻吴,大将王濬兵抵建业,孙皓遂出降,赐号归命

明杜堇《古贤诗意图》(之一)

这是根据卢仝《茶歌》诗意创作,画中再现孟谏议派军将送阳羡月团新茶给卢仝的情景。军将扣门,卢仝在屋内高酣而卧,睡兴正浓。画面上方露出茶鼎一角及床前案桌上的茶碗,含蓄地点明了茶歌的意境。

侯。后死于洛阳。

②韦太傅弘嗣：即三国时吴韦曜。

【译文】

三国吴：归命侯孙皓，太傅韦曜。

晋：惠帝①，刘司空琨，琨兄子兖州刺史演②，张黄门孟阳，傅司隶咸③，江洗马统④，孙参军楚⑤，左记室太冲，陆吴兴纳，纳兄子会稽内史俶⑥，谢冠军安石，郭弘农璞，桓扬州温⑦，杜舍人育，武康小山寺释法瑶⑧，沛国夏侯恺⑨，余姚虞洪，北地傅巽⑩，丹阳弘君举⑪，乐安任育长⑫，宣城秦精⑬，敦煌单道开⑭，剡县陈务妻⑮，广陵老姥⑯，河内山谦之⑰。

【注释】

①惠帝：晋惠帝司马衷（259—306），字正度。晋武帝次子，低能，历史上以痴呆皇帝著称。在位后期，各皇族为争夺中央政权互相残杀，发生"八王之乱"，后被司马越毒死。

②琨兄子兖州刺史演：刘演（？—320），字始仁，刘琨侄。西晋中山魏昌（今河北无极）人。初辟太尉掾，除尚书郎，袭父爵定襄侯。东海王越引为主簿。迁太子中庶子，出为阳平太守。奔刘琨，为魏郡太守。琨将讨石勒，任为行北中郎将、兖州刺史，镇廪丘（今山东郓城）。建兴四年（316），石勒使石虎攻拔廪丘，遂奔段文鸯军，屯于厌次（今山东阳信）。后为石勒所破，被杀。

③傅司隶咸：傅咸（239—294），字长虞。北地泥阳（今陕西耀县）人。武帝时，任尚书左丞等官。惠帝时，曾任司隶校尉等职，刚直有节概，为官清廉，奏免高官多人。能诗文，所作语多规戒，文采不足。

④江洗马统：江统（？—310），字应元。陈留圉县（今河南杞县）人。袭父爵，除

山阴令。元康年间为华阴令,迁中郎,转太子洗马。后为兖州别驾。累官至黄门侍郎、散骑常侍、领国子博士。

⑤孙参军楚:孙楚(约218—293),字子荆。太原中都(今山西平遥)人。因性情傲岸,年四十余始参镇东军事,复参石苞骠骑军事,王骏聘为参军。历任梁县令、卫将军司马、冯翊太守等职。工诗能文。明人辑《孙冯翊集》传世。

⑥纳兄子会稽内史俶:陆俶,陆纳兄长的儿子,曾任会稽内史。

⑦桓扬州温:桓温(312—373),字元子,一作符子。谯国龙亢(今安徽怀远)人。娶晋明帝南康长公主为妻。官至大司马,曾任荆州刺史、扬州牧等职。

⑧武康:县名。西晋太康元年(280)改永康县置,治所在今浙江德清武康镇。小山寺:又称翠峰寺,建于晋太康三年(282)至南朝永初元年(420)间,其址在今德清县龙山乡漾口村后。曾是武康历史最早、规模最大的寺院,相传毁于元代。释法瑶:南朝宋时高僧,永嘉时南渡,驻吴兴武康小山寺十九年,元徽年间圆寂,年七十六。著有《涅槃》《法华》《大品》《胜鬘》等义疏。

⑨沛国夏侯恺:晋干宝《搜神记》:"夏侯恺,字万仁,因病死。宗人儿苟奴素见鬼。见恺数归,欲取马,并病其妻,著平上帻,单衣,入坐生时西壁大床,就人觅茶饮。"沛国,今江苏沛县一带。

⑩北地傅巽:傅巽,字公悌。北地泥阳(今陕西耀县)人。建安中为东曹掾,拜尚书郎,赐爵关内侯。黄初中,官至侍中、尚书。著有《七诲》《槐树赋》《蚊赋》等。

⑪丹阳弘君举:晋人。《佩文韵府》引弘君举《食檄》:"催厨人作茶饼,熬油煎葱,沥茶以绢。"丹阳,今属江苏镇江。

⑫乐安任育长:即晋人任瞻,名士,字育长。乐安(今山东博兴)人。历任谒者仆射、都尉、天门太守等职。

⑬宣城秦精:《续搜神记》中的人物。宣城,即今安徽宣城。

⑭敦煌单道开:东晋十六国时期僧人。据《高僧传》卷九等载,俗姓孟,敦煌(今

属甘肃）人。少即怀栖隐之志，诵佛经四十余万言。后赵建武十二年（346）至邺都（今河北临漳），时人传为仙侣，石虎资给甚丰。太宁元年（349）与弟子南渡，东晋升平三年（359）至江南建业（今江苏南京）。不久南下，入罗浮山结茅而居。后卒于山中。

⑮剡（shàn）县陈务妻：南朝时人刘敬叔《异苑》中的人物。剡县，即今浙江嵊州。

⑯广陵老姥：《广陵耆老传》中的人物。广陵，即今江苏扬州。

⑰河内山谦之（420—470）：南朝宋河内郡（今河南沁阳）人。孝武帝初年官奉朝请，撰《宋书》。文帝元嘉中何承天草创《宋书》纪、传及《天文》《律历》二志，止于武帝时，所缺纪、传、志由其补续，未成而卒。另撰有《吴兴记》《丹阳记》等。

【译文】

晋朝：晋惠帝司马衷，司空刘琨，琨侄兖州刺史刘演，黄门侍郎张载，司隶校尉傅咸，太子洗马江统，参军孙楚，记室左思，吴兴陆纳，纳兄子会稽内史陆俶，冠军将军谢安，弘农太守郭璞，扬州牧桓温，中书舍人杜育，武康小山寺释法瑶，沛国夏侯恺，余姚虞洪，北地傅巽，丹阳弘君举，乐安任瞻，宣城秦精，敦煌单道开，剡县陈务妻，广陵老姥，河内山谦之。

明唐寅《事茗图》

描绘友人陈事茗幽居品茗的情景。画中左右两侧以悬崖、树石近景遮挡，远景为一片高山，山间飞瀑鸣泉，山下数间茅庐草舍置于青山环抱的幽谷之中，似世外桃源。茅庐草舍之中坐一文士，神态安闲，桌案旁有茶壶、茶盏，旁边舍内有一童子正在扇火烹茶。舍外右边桥上有一老者倚杖缓行，抱琴侍童紧随其后。此情此景，可谓当时文人遁迹山林，寄情于瀹茗闲居的生活写照。

后魏①：瑯琊王肃②。

【注释】

①后魏：即北魏（386—534）。是鲜卑族拓跋珪建立的政权，也是南北朝时期北朝第一个王朝。为别于此前的曹魏政权，因此别称为"后魏"或"北魏"。

②瑯琊王肃：瑯琊，也作"琅邪"。王肃（464—501），字恭懿。北魏琅邪（今山东临沂）人。初仕南齐，为著作郎。永明十一年（493），因父奂为南朝齐武帝萧赜所杀，遂奔北魏。得孝文帝器重，受命改革旧俗，定朝仪国典，制官品百司，综合南北二系统之礼仪制度。后受遗诏为尚书令，与咸阳王元禧等同为宰辅。封昌国县开国侯。持节都督淮南诸军事、扬州刺史。景明二年（501），卒于寿春，追赠侍中、司空公，谥号宣简。

【译文】

后魏：瑯琊王肃。

宋①：新安王子鸾，鸾兄豫章王子尚②，鲍照妹令晖③，八公山沙门昙济④。

【注释】

①宋：即南朝宋（420—479）。东晋大将刘裕420年代晋称帝，国号宋，建都建康（今江苏南京）。南朝第一个朝代，479年为南齐所代。

②新安王子鸾，鸾兄豫章王子尚：皆为南朝宋武帝刘裕之子。子鸾为宋武帝第八子，封新安王；子尚为第二子，封豫章王。《茶经》底本此处称子尚为"鸾弟"，据《宋书》记载，当是子尚为兄。《茶经》记述恐有误，据《宋书》改。

③鲍照妹令晖：鲍照（约414—466），字明远。东海（今山东苍山）人。家世寒微，少有文思。曾以诗为临川王刘义庆赏识，任国侍郎，后为始兴王刘濬侍郎。孝建中

除海虞令,迁太子博士,兼中书舍人,出为秣陵令。大明中转永嘉令,后任临海王刘子顼前军参军,世称"鲍参军"。有《鲍参军集》。鲍令晖,鲍照之妹,南朝宋女诗人。活动时期在宋孝武帝大明末年前后。鲍照有《请假启》,其中讲到"实惟一妹,存没永诀,不获计见,封瘗泉壤",则鲍令晖似已于宋孝武帝末年去世。

④八公山:一名肥陵山。在今安徽寿县北,南滨东淝河,西、北面临淮河。东晋太元八年(383)淝水之战时,前秦苻坚登寿阳城(今安徽寿县)望八公山草木,以为晋兵,即此。沙门:梵语的音译。出家的佛教徒的总称。昙济:河东(今山西永济)人。十三岁出家,住寿阳八公山东山寺,善成实论。大明二年(458)奉诏入都,住中兴寺,时开讲筵,四众倾动。著有《六家七宗论》。

南宋周季常、林庭珪《五百罗汉图·吃茶》(局部)

此画为南宋周季常、林庭珪应明州慧安院僧人义绍之约历时十余年而绘制的一组佛画作品之一,现藏于日本京都大德寺。画中两位罗汉坐于榻上手持盏托及茶盏,旁边一位侍者左手执汤瓶冲点,右手执茶筅在茶盏中回环搅动,即所谓击拂。这幅画真实再现了宋代点茶的场景。

【译文】

南朝宋:新安王刘子鸾,刘子鸾的兄长豫章王刘子尚,鲍照的妹妹鲍令晖,八公山的僧人昙济。

齐^①:世祖武帝^②。

【注释】

①齐:即南朝齐(479—502),萧道成在479年取代刘宋所建立,国号齐,定都建康(今江苏南京),史称南齐,又称萧齐。502年被萧衍建立的梁取代。

②世祖武帝:即齐武帝萧赜(440—493)。字宣远,小名龙儿。南朝齐第二位皇帝,483—493年在位。卒谥武帝,庙号世祖。

【译文】

南朝齐:世祖武帝萧赜。

梁^①:刘廷尉^②,陶先生弘景^③。

【注释】

①梁:即南朝梁(502—557),萧衍于502年取代南齐而建立,又称萧梁,定都建康(今江苏南京)。557年被陈霸先建立的陈取代。

②刘廷尉:即刘孝绰(481—539),本名冉,小字阿士。彭城(今江苏徐州)人。七岁能文,十四岁代父草诏诰,号"神童"。梁天监初年(502),起家著作佐郎,迁太子舍人,兼尚书水部郎。后累官员外散骑常侍,兼廷尉卿。大同五年(539)卒于秘书监任上。梁元帝萧绎亲为撰《黄门侍郎刘孝绰墓志铭》。

③陶先生弘景:陶弘景(456—536),字通明。丹阳秣陵(今江苏南京)人。齐武

帝永明十年(492),上表辞官,归隐于句容茅山,中山立馆,自号"华阳隐居"。梁武帝萧衍早年与他交游,及即帝位,经常向他咨询国家大事,时人因号为"山中宰相"。死后谥曰"贞白先生"。著有《神农本草经集注》《肘后百一方》等。

【译文】

南朝梁:廷尉刘孝绰,陶弘景。

皇朝①:徐英公勣②。

【注释】

①皇朝:指唐朝。

②徐英公勣:即李勣(594—669),本姓徐,名世勣,字懋功,曹州离狐(今山东东明)人。降唐后,李渊赐姓李,为避李世民讳,改单名勣,故称李勣。李世民即位后,拜并州(今山西太原)都督。贞观三年(629),与李靖西破突厥,改封英国公。

【译文】

唐朝:英国公徐勣。

李世勣像

《神农食经》①:茶茗久服,令人有力、悦志②。

【注释】

①《神农食经》:传说为炎帝神农所撰,实为西汉儒生托名神农氏所作,已佚。

②悦志:心情愉悦。

明丁云鹏《玉川煮茶图》

　　画中假山奇特，山后翠竹挺拔，山前有两棵高大的芭蕉树。卢仝坐于芭蕉树下，手执羽扇，目视茶炉，聚精会神候火定汤，静听火旺汤沸所发出的松风之声。卢仝身边石桌上，摆放着茶壶、茶盏等。右侧下一长须翁，拎壶而行，似是去汲泉；左侧一赤脚婢，双手捧果盒而来。画面人物神态生动，描绘出在大自然中煮泉品茗的真实情景。

【译文】

《神农食经》记载：长期饮茶，可使人有气力、心情愉悦。

　　周公《尔雅》：槚，苦荼。

【译文】

周公《尔雅》记载：槚，就是苦荼。

　　《广雅》云①：荆巴间采叶作饼，叶老者，饼成，以米膏出之②。欲煮茗饮，先炙令赤色，捣末，置瓷器中，以汤浇覆之，用葱、姜、橘子芼之③。其饮醒酒，令人不眠。

【注释】

　　①《广雅》：三国魏张揖缉补《尔雅》的训诂学著作。因其所撰意在增广《尔雅》，因此名为《广雅》。隋代为避隋炀帝杨广讳，曾改名《博雅》。张揖，字稚让。清河（今属河北）人。魏明帝太和中为博士。他精通文字训诂，另著有《埤苍》《古今字诂》等。

　　②米膏：米糊。

　　③芼（mào）：杂，拌和。

【译文】

　　《广雅》记载：荆州、巴州一带采摘叶作茶饼，叶子老的，制作时要加些米糊才能制成。若要煮茶喝，先烤炙茶饼呈红色，再捣成末放入瓷器中，用沸水冲泡，再用葱、姜、橘子等搅拌。饮茶可以醒酒，也使人兴奋难以入睡。

　　《晏子春秋》①：婴相齐景公时②，食脱粟之饭③，炙三弋五卵④，茗菜而已⑤。

【注释】

①《晏子春秋》：又名《晏子》。共八卷，包括内篇六卷、外篇两卷。书中反映了晏婴的生平事迹和他的政治、哲学思想。

②齐景公：春秋时齐国国君。姜姓，名杵臼，前547—前490年在位。

③脱粟：亦称"免粟"。仅脱去壳皮之粗米，亦泛指粗粮。

④三弋五卵：弋，禽类。卵，禽蛋。三、五为虚数词，几样。

⑤茗菜：有两种解释。一种认为晏婴所食应为苔菜，亦称蜀芹、楚葵、水萄菜等。生于阴崖湖泽近水处，状似赤芍药，叶绿，背紫，茎、叶、实均类荞麦，江淮间采以为食。一种认为古人以茶为菜，因而得名。此处形容晏婴生活俭朴。章炳麟《俞先生传》："衣不过大布，进檄不过茗菜。"

【译文】

《晏子春秋》记载：晏婴任齐景公的国相时，吃的是粗粮，三五样烧烤的禽鸟禽蛋，茗菜而已。

司马相如《凡将篇》①：乌喙②，桔梗③，芫华④，款冬⑤，贝母⑥，木蘖⑦，蒌⑧，芩草⑨，芍药⑩，桂⑪，漏芦⑫，蜚廉⑬，雚菌⑭，荈诧⑮，白敛⑯，白芷⑰，菖蒲⑱，芒消⑲，莞椒⑳，茱萸。

【注释】

①《凡将篇》：字书。汉司马相如作，以三字或七字为一句。《隋书·经籍志》作一卷。已佚。

②乌喙(huì)：中药附子的别称，以其块茎形似乌之嘴而得名。喙，鸟兽等的嘴。

桔梗　　　　　　芫华　　　　　　白敛　　　　　　白芷香

飞廉　　　　　　芍药　　　　潞州款冬花　　　秦州款冬花

③桔梗：多年生草本植物，叶子卵形或卵状披针形，花暗蓝或暗紫色。根可入药，有宣肺、祛痰、排脓等功用。

④芫（yuán）华：落叶灌木。叶小椭圆形，花小色紫，可供观赏。花蕾含芫花素，可供药用。

⑤款冬：多年生草本植物。严冬开花。叶似葵而大，花黄色，可入药。

⑥贝母：多年生草本植物。叶子长形，似韭，花黄绿色，下垂像钟。鳞茎入药有止咳祛痰等作用。

⑦木蘗（bò）：亦作黄柏、黄蘗。落叶乔木。木材坚硬，茎可制黄色染料。树皮可入药，有清热、解毒等作用。

⑧蒌（lóu）：蒌菜。蔓生有节，味辛而香。

⑨芩（qín）草：古书上指芦苇一类多年生草本植物。根黄色，中医入药，有清热祛湿等作用。

明仇英《煮茶图》
　　此画描绘自然山水中煮茶品茗，一童子就泉烹茶，一文士跌坐于山石之上，作解衣状，似沉浸在品茗后的欢娱之中。

⑩芍药:多年生草本。根药用,有活血散瘀、凉血止痛等效。

⑪桂:常绿乔木。树皮可健胃,又可调味。

⑫漏芦:又名野兰、鬼油麻、狼头花。多年生草本植物。根及根状茎入药,有清热、解毒、排脓、消肿和通乳的功效。

⑬蜚廉:即飞廉。二年或多年生草本植物。性平,味微苦。可散瘀止血,清热利湿。

⑭雚(huán)菌:一种菌类植物,可入药。明李时珍《本草纲目·菜之五·雚菌》(集解)引苏恭曰:"雚菌今出渤海芦苇泽中碱卤地,自然有此菌尔,非鹳屎所化生也。其菌色白轻虚,表里相似,与众菌不同。疗蚘有效。"

⑮荈诧:均为古茶字。"诧"字使用早于"茶",指粗制之茶。

⑯白敛:即白蔹。攀缘藤本,块根纺锤形。块根入药,主治痈肿等症。

⑰白芷:香草名。根入药,有镇痛作用,古以其叶为香料。

⑱菖蒲:多年生水生草本,有香气。全草为提取芳香油、淀粉和纤维的原料。根茎亦可入药。民间在端午节常用来和艾叶扎束,挂在门前。

⑲芒消:亦作"芒硝"。即硫酸钠。多产于含盐卤的湖泽地带。工业上用于制造玻璃、苏打等。中医学上称为"朴消",用于治疗肠胃实热积滞、大便燥结、痰热壅积等症。

⑳莞(guān)椒:吴觉农主编《茶经述评》推测为"华椒"之误。华椒,即花椒。在宋代,有以椒入茶煎饮的。

【译文】

司马相如《凡将篇》在药物类记载:乌喙,桔梗,芫华,款冬,贝母,木蘖,蒌,芩草,芍药,桂,漏芦,蜚廉,雚菌,荈诧,白敛,白芷,菖蒲,芒消,莞椒,茱萸。

《方言》①:蜀西南人谓茶曰蔎。

【注释】

①《方言》：全称《輶轩使者绝代语释别国方言》，汉扬雄撰。该书仿照《尔雅》体例，汇集古今各地同义词语，并注明通行范围，可供方言对照，是研究我国古代词汇的珍贵典籍。

【译文】

扬雄《方言》记载：蜀地西南人称茶为葭。

《吴志·韦曜传》①：孙皓每飨宴②，坐席无不率以七胜为限③，虽不尽入口，皆浇灌取尽。曜饮酒不过二升，皓初礼异，密赐茶荈以代酒。

【注释】

①《吴志》：此指西晋陈寿所撰《三国志》中的《吴书》部分，共二十卷。

②飨（xiǎng）宴：宴饮。

③胜：通"升"。

【译文】

《三国志·吴书·韦曜传》记载：孙皓每次宴饮，座中的人都要至少饮酒七升，即使不能全喝下去，也都要把酒全倒进嘴里，表示喝完。韦曜酒量不超过二升，孙皓当初很照顾他，暗地里赐茶以代替酒。

《晋中兴书》①：陆纳为吴兴太守时，卫将军谢安尝欲诣纳，《晋书》云②：纳为吏部尚书。纳兄子俶怪纳无所备，不敢问之，乃私蓄十数人馔。安既至，所设唯茶果而已。俶遂陈盛馔③，珍羞必具④。及安去，纳杖俶四十，云："汝既不能光益叔父⑤，奈何秽吾素业⑥？"

【注释】

①《晋中兴书》:南朝宋郗绍撰。纪传体,记东晋一代史事。久佚。清黄奭、汤球、王仁俊及近人陶栋都有辑本传世。郗绍,高平(今属山东)人。《南史·徐广传》:"时有高平郗绍亦作《晋中兴书》,数以示何法盛。法盛有意图之,谓绍曰:'卿名位贵达,不复俟此延誉。我寒士,无闻于时,如袁宏、干宝之徒,赖有著述,流声于后,宜以为惠。'绍不与。至书成,在斋内厨中。法盛诣绍,绍不在,直入窃书。绍还失之,无复兼本,于是遂行何书。"何法盛据郗绍本,撰成《晋中兴书》七十八卷(一作八十卷)。

②《晋书》:一百三十卷,唐房玄龄等二十余人奉敕编撰。记事上起西晋武帝泰始元年(265),下迄东晋恭帝元熙二年(420),共一百五十六年的历史。房玄龄(579—648),一说名乔。齐州临淄(今属山东)人。任秦王李世民王府记室,协助筹谋统一,官至尚书左仆射,监修国史,后封为梁国公。

③盛馔(zhuàn):丰盛的饭食。

④珍羞:亦作"珍馐"。珍美的肴馔。

⑤光益:增光。

⑥素业:清白的操守。

法门寺出土放置茶饼的鎏金飞鸿银茶笼子

法门寺出土秘色瓷碗

【译文】

　　《晋中兴书》记载:陆纳任吴兴太守时,卫将军谢安曾想拜访陆纳,《晋书》记载:陆纳为吏部尚书。陆纳的侄子陆俶奇怪陆纳什么也没准备,但又不敢问他,便私自准备了十多人的饭食。谢安来后,陆纳仅仅摆出茶和果品招待而已。陆俶于是摆上丰盛的饭食,各种珍美的肴馔都有。等到谢安走后,陆纳打了陆俶四十棍,说:"你既不能为你叔父我增加光彩,为什么还要玷污我清白的操守呢?"

　　《晋书》:桓温为扬州牧,性俭,每宴饮,唯下七奠柈茶果而已①。

【注释】

　　①下:摆出。奠:同"饤(dìng)",指盛食物盘碗的量词。柈:同"盘"。

【译文】

　　《晋书》记载:桓温任扬州牧时,性好节俭,每次请客宴饮,只摆出七盘茶与果品而已。

　　《搜神记》①:夏侯恺因疾死。宗人字苟奴察见鬼神②,见恺来收马,并病其妻。著平上帻、单衣③,入坐生时西壁大床,就人觅茶饮。

【注释】

　　①《搜神记》:又称《搜神录》《搜神异记》《搜神传记》等,二十卷,晋干宝撰。《搜神记》计大小故事四百五十四条。所记多为神怪灵异,但也保存了一些优秀的神话传说和民间故事。干宝(?—336),字令升。新蔡(今属河南)人。元帝时任佐著作郎、领国史,因家贫求为山阴令,后迁为始安太守、散骑常侍。另著有《晋纪》二十卷。

　　②宗人:同族之人。

　　③平上帻(zé):亦称"平巾帻"。魏晋以来武官所戴的一种平顶头巾。至隋,侍

臣及武官通服之。

【译文】

《搜神记》记载:夏侯恺因病去世。同族之人苟奴能够看见鬼神,他看见夏侯恺来取马匹,并使他的妻子也染上病。苟奴看见他头戴平顶头巾,穿单衣,进屋坐在生前常坐的靠西墙的大床上,并向人讨茶喝。

刘琨《与兄子南兖州刺史演书》云①:前得安州干姜一斤②,桂一斤,黄芩一斤③,皆所须也。吾体中愦闷④,常仰真茶,汝可置之。

【注释】

①南兖州:东晋元帝侨立兖州于京口(今江苏镇江)。南朝宋永初元年(420)改名南兖州。元嘉八年(431)移治广陵县(今江苏扬州)。

②安州:古地名,今湖北安陆。唐李泰《括地志》云:"安州,安陆县城,本春秋时郧国城。"

③黄芩(qín):多年生草本植物。根黄色,中医用来清凉解热。

④愦(kuì)闷:烦闷。

【译文】

刘琨《与兄子南兖州刺史演书》写道:日前收到你寄的安州干姜一斤,桂一斤,黄芩一斤,都是我所需要的。我心中烦闷时,常常依赖好茶来提神解闷,你可以为我多置办一些。

黄芩

傅咸《司隶教》曰[1]:闻南方有以困蜀妪作茶粥卖[2],为廉事打破其器具[3],又卖饼于市。而禁茶粥以困蜀姥,何哉?

【注释】

①《司隶教》:司隶校尉的指令。司隶校尉为职掌律令、举察京师百官的官职。教,古时上级对下级的一种文书名称,犹如近代的指令。

②妪(yù):老妇人。茶粥:烧煮的浓茶。因其表皮呈稀粥之状,故称。

③廉事:不详,应为某级官吏。

明仇英《烹茶论画图》

画中左侧苍松巨岩,远山若隐若现,近水岸边的树阴下,坐着两位白衣高士,他们展卷观画,侃侃而谈。一旁有两位童子,一童子提瓮汲水,另一童子正手持蒲扇扇火煮茶。为典型的文人雅士的茶事活动场景。

【译文】

傅咸《司隶教》记载:听说南方有蜀地老妇人煮了茶粥售卖,廉事把她的器皿打破了,后来她又在市中卖饼。禁止卖茶粥而使蜀地老妇人陷入困境,这是为什么呢?

《神异记》①:余姚人虞洪,入山采茗,遇一道士,牵三青牛,引洪至瀑布山,曰:"予,丹丘子也。闻子善具饮,常思见惠②。山中有大茗,可以相给。祈子他日有瓯牺之余,乞相遗也。"因立奠祀。后常令家人入山,获大茗焉。

【注释】

①《神异记》:志怪小说集,所记皆神怪物异之事,西晋王浮著。王浮,曾为道士,后为祭酒。尝与沙门帛远相抗论,屡屈,遂作《老子化胡经》,诬谤佛法。

②惠:恩惠。

明代金托盖白玉碗

【译文】

《神异记》记载:余姚人虞洪进山采茶,遇见一道士,牵着三头青牛,他引虞洪到瀑布山,说:"我是丹丘子。听说你善于煮茶喝,我常想得到你的恩惠。山中有大茶树,可以供你采摘。希望你以后把杯杓中喝剩的茶送我点儿喝。"虞洪于是立祠祭祀道士。后来他常叫家人进山,果然找到大茶树。

左思《娇女诗》^①：吾家有娇女，皎皎颇白皙。小字为纨素^②，口齿自清历^③。有姊字蕙芳，眉目粲如画。驰骛翔园林^④，果下皆生摘。贪华风雨中，倏忽数百适^⑤。心为茶荈剧，吹嘘对鼎䥶^⑥。

【注释】

①左思《娇女诗》：据《贵人左棻墓志》："兄思，字泰冲，兄子髦，字英髦，兄女芳字惠芳，兄女媛字纨素。"在《娇女诗》中，左思描写了惠芳、纨素顽皮可爱的形象。原诗五十六句，此处所引仅原诗十二句，且与原诗在次序、用字上颇有不同处。

②小字：小名，乳名。

③清历：分明，清楚。

④驰骛（wù）：奔走。

⑤倏忽：顷刻。指极短的时间。适：往。

⑥䥶（lì）：或作"镉"，一种与鼎同类的烹饪器。

【译文】

西晋左思《娇女诗》云：我家有娇女，长得很白净。妹妹小名叫纨素，口齿很伶俐。姐姐叫蕙芳，眉目美如画。奔跑园林中，果子未熟就摘下。爱花风雨中，跑出跑进上百次。看见煮茶心高兴，对着茶炉猛吹气。

张孟阳《登成都楼诗》云^①：借问扬子舍^②，想见长卿庐^③。程卓累千金^④，骄侈拟五侯^⑤。门有连骑客^⑥，翠带腰吴钩^⑦。鼎食随时进^⑧，百和妙且殊^⑨。披林采秋橘^⑩，临江钓春鱼。黑子过龙醢^⑪，果馔逾蟹蝑^⑫。芳茶冠六清^⑬，溢味播九区^⑭。人生苟安乐，兹土聊可娱^⑮。

【注释】

①张孟阳《登成都楼诗》:又作《登成都白菟楼诗》,西晋张载作。此处引诗为该诗的后半部分。

②扬子舍:即扬雄在成都的住宅草玄堂。

③长卿庐:即司马相如娶卓文君后回到成都居住的地方。

④程卓:西汉程郑和卓王孙两家迁徙蜀郡临邛以后,因冶铸而成巨富。

⑤五侯:即公、侯、伯、子、男五等诸侯,亦指同时封侯的五人。后泛指权贵豪门。《汉书·元后传》:"(汉成帝)封舅谭为平阿侯、商成都侯、立红阳侯、根曲阳侯、逢时高平侯。"五人同日封,故世谓"五侯"。

⑥门有连骑客:形容门前熙熙攘攘,且往来皆权贵。

⑦翠带:镶着翠玉的腰带。吴钩:春秋吴人善铸钩,故称。后也泛指利剑。晋左思《吴都赋》:"军容蓄用,器械兼储;吴钩越棘,纯钩湛卢。"

⑧鼎食:列鼎而食,形容富贵人家豪华奢侈的生活。

⑨百和:形容烹调的佳肴多种多样。和,烹调。

⑩披林:此谓分开林木。

⑪黑子:不详。龙醢(hǎi):用龙肉做成的肉酱。此指极美的食品。醢,用肉、鱼等制成的酱。

⑫蟹蝑(xū):蟹酱。

⑬六清:即六饮。《周礼·天官冢宰·膳夫》:"凡王之馈……饮用六清。"郑玄注:"六清,水、浆、醴、凉、医、酏。"孙诒让正义:"此即《浆人》之'六饮'也。"后用以泛指饮料。

⑭九区:九州。《尚书·禹贡》

唐鎏金莲瓣银茶托

作冀、兖、青、徐、扬、荆、豫、梁、雍;《尔雅·释地》有幽、营州而无青、梁州;《周礼·夏官·职方》有幽、并州而无徐、梁州。后以"九州"泛指天下,全中国。

⑮兹土:此土。

【译文】

张载《登成都楼诗》大意说:请问当年扬雄的屋舍在何处?司马相如的故居又是哪般模样?昔日程郑、卓王孙两大豪门巨富,骄奢淫逸,可比王侯之家。他们的门前经常是车水马龙贵客盈门,宝剑佩挂在镶着翠玉的腰带上。家中列鼎而食,佳肴种类繁多,精妙无双。秋天走进林中采摘柑橘,春天在江边把竿垂钓。黑子的美味胜过龙肉酱,瓜果做的菜肴鲜美胜过蟹酱。清香的茶在各种饮料中可称第一,它那美味在天下享有盛名。如果人生只是苟且地寻求安乐,那这块乐土还是可以供人们尽情享乐的。

傅巽《七诲》①:蒲桃宛柰②,齐柿燕栗,峘阳黄梨③,巫山朱橘④,南中茶子⑤,西极石蜜⑥。

【注释】

①《七诲》:七,文体名,或称"七体",为赋体的另一种形式。源于西汉枚乘的《七发》。

②蒲桃宛柰(nài):蒲地所产的桃和宛地所产的柰。蒲,今山西永济。宛,今河南南阳。柰,柰子,亦称"花红""沙果"。

③峘(héng)阳:峘,同"恒"。恒阳,一为恒山之南,二为今河北曲阳。

④朱橘:橘子。橘成熟后常呈红色,故称。

⑤南中:指川南和云贵一带。

⑥西极:西边的尽头。谓西方极远之处。此指长安以西的疆域。石蜜:一指用甘蔗炼成的糖。明李时珍《本草纲目·果之五·石蜜》:"石蜜,即白沙糖也。凝结

作饼块如石者为石蜜。"二为野蜂在岩石间所酿的蜜。明李时珍《本草纲目·虫之一·蜂蜜》(集解)引陶弘景曰:"石蜜即崖蜜也,在高山岩石间作之,色青,味小酸,食之心烦,其蜂黑色似虻。"

【译文】

傅巽《七诲》记载:蒲地的桃子,宛地的柰子,齐地的柿子,燕地的板栗,恒阳的黄梨,巫山的橘子,南中的茶子,西极的石蜜。

弘君举《食檄》:寒温既毕①,应下霜华之茗②。三爵而终③,应下诸蔗、木瓜、元李、杨梅、五味、橄榄、悬豹、葵羹各一杯④。

【注释】

①寒温:指问候冷暖起居。

②霜华之茗:指漂浮着白色茶沫的上等茶汤。

③三爵:三杯酒。爵,雀形酒杯。

④诸蔗:甘蔗。木瓜:落叶灌木或小乔木。叶椭圆,花分红白,果实亦

清钱杜《龙门茶屋图》

钱杜仿倪瓒《龙门茶屋图》而作。题识:"龙门茶屋。龙门秋雨霁,瑶草香接天。北斗挂青壁,天池开白莲。道人入定久,趺座袒右肩。走入苦竹林,手汲丹砂泉。松花落凤艰,石铫声冷然。愿学炼形术,蝉退追飞仙。云林生作茶屋图,即世传龙门僧是也,黄鹤翁亦为一帧,并藏吴中友人家。客窗忆及,因仿两家笔意合成一图,为绂生六弟清赏。钱杜记。"

称为木瓜，呈椭圆形。性温，色黄，气香，可食，亦可供药用。元李：可能是李的一种。杨梅：常绿乔木。核果球形，表面有粒状突起，味酸甜，可食。五味：即五味子。有南五味和北五味之分。南产者色红，北产者色黑。以果实入药，主治肺虚咳喘、盗汗、遗精等。橄榄：果树名。亦以称其果实。常绿乔木。果实呈椭圆形，又名青果，可食，味略苦涩而又芳香，亦可入药。悬豹：不详。吴觉农《茶经述评》以为似为"悬钩"，形近之误。悬钩，山莓的别名。明李时珍《本草纲目·草之七·悬钩子》（释名）引陈藏器曰："茎上有刺如悬钩，故名。"葵羹：冬葵做的羹汤。冬葵，一二年生草本，茎叶可食用，也可入药，能清热利湿。

【译文】

弘君举《食檄》记载：见面嘘寒问暖之后，应该先献上漂浮着白色茶沫的上等茶汤。客人饮三杯之后，应该再陈上甘蔗、木瓜、元李、杨梅、五味、橄榄、悬钩、葵羹各一杯。

孙楚《歌》[①]：茱萸出芳树颠[②]，鲤鱼出洛水泉[③]。白盐出河东[④]，美豉出鲁渊[⑤]。姜、桂、茶荈出巴蜀，椒、橘、木兰出高山。蓼苏出沟渠[⑥]，精稗出中田[⑦]。

【注释】

①《歌》：《太平御览》卷八六七引作《出歌》。

②芳树：泛指佳木、花木。

③洛水：古水名。即今河南洛河。

④河东：晋属，属司州。境内的解州（今山西运城西南）、安邑（今山西运城东北）以产池盐著名。

⑤美豉（chǐ）：上等的豆豉。鲁渊：指鲁地的湖泽。

⑥蓼（liǎo）：蓼属植物的泛称。一年生或多年生草本植物，花小，白色或浅红色，

生长在水边或水中。叶味辛,可用以调味。苏:即紫苏,又名桂荏。一年生草本植物,茎方形,花淡紫色,种子可榨油,嫩叶可以吃,叶、茎和种子均可入药。

⑦精稗(bài):亦称"精粺"。精米。

【译文】

孙楚《歌》记载:茱萸出在佳木顶,鲤鱼产在洛水泉。白盐出产河东郡,美豉出于鲁地的湖泽。姜、桂、茶出产在巴蜀,椒、橘、木兰出产在高山。蓼苏长在沟渠里,精米产于稻田中。

华佗《食论》^①:苦茶久食,益意思。

【注释】

①华佗(约141—208):一名旉,字元化。沛国谯(今安徽亳州)人。东汉末著名医学家。幼好学,不求仕,潜心研究医术,精通内、外、儿、妇产、皮肤、针灸各科,最长于外科,能作腹部开刀与缝合手术,发明麻醉剂"麻沸散"用来减轻病人的痛苦,创制"五禽戏"以增强体质。

【译文】

华佗《食论》记载:长期饮用苦茶,有益于提高思维能力。

华佗像

壶居士《食忌》^①:苦茶久食,羽化^②。与韭同食,令人体重。

壶公像

【注释】

①壶居士：一说为壶公。传说中的仙人。北魏郦道元《水经注·汝水》："昔费长房为市吏，见王壶公悬壶郡市，长房从之，因而自远同入此壶，隐沦仙路。"

②羽化：道家指飞升成仙。

【译文】

壶居士《食忌》记载：长期饮用苦茶，能使人有飘飘欲仙的感觉。茶与韭菜同时食用，会使人增加体重。

郭璞《尔雅注》云：树小似栀子①，冬生叶可煮羹饮。今呼早取为茶，晚取为茗，或一曰荈，蜀人名之苦荼。

【注释】

①栀子：常绿灌木或小乔木。春夏开白花，香气浓烈，可供观赏。夏秋结果实，生青熟黄，可做黄色染料。也可入药，性寒味苦，可解热消炎。

【译文】

郭璞《尔雅注》记载：茶树矮小像栀子，冬季叶不凋零，所生叶可以煮成羹汤饮用。如今把早采摘的称为茶，晚采摘的称为茗，或称为荈，蜀地的人称为苦茶。

《世说》①：任瞻，字育长。少时有令名②，自过江失志③。既下饮，问人云："此为茶？为茗？"觉人有怪色，乃自分明云："向问饮为热为冷。"

【注释】

①《世说》：即《世说新语》，八卷，南朝宋刘义庆集门下文士采集前人著述而成。书中记载东汉至东晋许多人物的言行、轶事，极具史料及文学价值。刘义庆（403—444），字季伯。彭城（今江苏徐州）人。刘宋宗室，袭封临川王，曾任荆州、江州及南兖州刺史等职，另著有《徐州先贤传》《幽明录》等。

②令名：美好的声誉。

③过江：西晋被前赵刘聪灭掉后，晋皇室南渡长江，定都建康，史称东晋。西晋旧臣多渡过长江投靠东晋，任瞻也随之投靠，称为过江。失志：恍恍惚惚，失去神智。

【译文】

《世说新语》记载：任瞻，字育长。年少时有美好的声誉，自过江之后便神志不清。有一次饮茶时，他问人说："这是茶？还是茗？"感觉到旁人有不解的表情，便自己辩解说："刚才是问茶是热的还是凉的。"

《续搜神记》①：晋武帝世②，宣城人秦精，常入武昌山采茗③。遇一毛人，长丈余，引精至山下，示以丛茗而去。俄而复还，乃探怀中橘以遗精。精怖，负茗而归。

【注释】

①《续搜神记》：古志怪小说集，又称《搜神后记》《搜神续记》《搜神录》，十卷，旧题东晋陶潜撰。然书中多陶潜死后事，疑为伪托。

②晋武帝：即司马炎（236—290），晋朝开国皇帝。咸熙二年（265）袭父爵晋王，数月后

晋武帝像

逼迫魏元帝曹奂禅位给自己,国号晋,建都洛阳,改元泰始。咸宁五年(279),司马炎命杜预、王濬等人分兵伐吴,于次年灭吴,统一全国。太熙元年(290)病逝,谥号武皇帝,庙号世祖,史称晋武帝。

③武昌山:在今湖北鄂州南。相传三国吴孙权都鄂,欲以武而昌,因以为名。

【译文】

《续搜神记》记载:晋武帝时,宣城人秦精,常去武昌山采茶。一次遇见一个毛人,一丈多高,引秦精到山下,把一丛丛茶树指给他看后才离开。过了一会儿又回来,从怀中掏出橘子送给秦精。秦精很害怕,背了茶就回去了。

《晋四王起事》①:惠帝蒙尘还洛阳②,黄门以瓦盂盛茶上至尊③。

【注释】

①《晋四王起事》:四卷,晋卢綝撰。该书主要记述晋惠帝征成都王司马颖而军败荡阴之事。卢綝,范阳涿县(今河北涿州)人。官至尚书郎。

②惠帝蒙尘:西晋惠帝时,发生"八王之乱"。永宁元年(301),赵王司马伦篡位,迁惠帝于金墉城(在河南洛阳东)。光熙元年(306),惠帝才回到洛阳,不久被毒死。蒙尘,古时指皇帝被驱逐出宫廷,在外流亡。

③黄门:宦官,太监。因东汉黄门令、中黄门诸官皆为宦官充任,故称。至尊:此指晋惠帝。

【译文】

《晋四王起事》记载:晋朝八王之乱时,惠帝在外面流亡回到洛阳,宦官用陶碗盛了茶汤献给惠帝喝。

日本染付松竹梅图茶碗

《异苑》①：剡县陈务妻，少与二子寡居，好饮茶茗。以宅中有古冢，每饮，辄先祀之。二子患之，曰："古冢何知？徒以劳意！"欲掘去之，母苦禁而止。其夜，梦一人云："吾止此冢三百余年，卿二子恒欲见毁，赖相保护，又享吾佳茗，虽潜壤朽骨②，岂忘翳桑之报③！"及晓，于庭中获钱十万，似久埋者，但贯新耳。母告二子，惭之。从是祷馈愈甚。

【注释】

①《异苑》：志怪小说集，十卷，南朝宋刘敬叔撰。《异苑》书名仿刘向《说苑》，即异事之苑。书中搜罗异事力求广泛，却以晋代异事为大宗。刘敬叔（390—470），彭城（今江苏徐州）人。东晋时起家中兵参军，安帝义熙（405—418）中，曾为刘毅郎中令，又为刘道怜骠骑参军。宋文帝元嘉初，为给事黄门侍郎。

②潜壤：地下，深土。

③翳（yì）桑之报：翳桑，古地名。春秋时晋赵盾曾在翳桑救了将要饿死的灵辄，后来晋灵公欲杀赵盾，灵辄扑杀恶犬，救出赵盾。后世称此事为"翳桑之报"。

【译文】

《异苑》记载：剡县陈务的妻子，年轻时带着两个儿子守寡，她喜欢饮茶。因为宅院里有一座古墓，每次饮茶总先奉祭。两个儿子感到厌烦，说："古墓能知道什么？白白浪费心力而已！"想把古墓挖掉，经母亲苦苦劝说才作罢。这天夜里，陈务的妻子梦见一人说："我住在这墓里三百多年了，你的两个儿子总想毁平它，全靠你的保护，又拿好茶供我享用，我虽然是深埋地下的枯骨，但怎么能忘恩而不回报呢？"等到天亮，在院子里得到了十万铜钱，像是埋了很长时间的，但穿钱的绳子是新的。母亲把这件事告诉两个儿子，他们都很惭愧。从此更加虔诚地向古墓祭祷。

《广陵耆老传》①：晋元帝时有老姥②，每旦独提一器茗，往市鬻之③，市

清王翚《石泉试茗》

画中水墨层峦，山麓有茅屋数椽，一童子庭中煮茶，有鹤在侧，茅屋中一人趺坐蒲团之上，舍外溪桥一人策杖来访。画的左上自题诗一首："石泉新汲煮砂铛，竹色云腴两斗清。为问习池邀酒伴，何如莲视觅茶盟。"落款为："丙子立冬后三日，仿香光居士笔意。耕烟散人王翚。"

人竞买。自旦至夕，其器不减。所得钱散路傍孤贫乞人，人或异之。州法曹絷之狱中④。至夜，老姥执所鬻茗器，从狱牖中飞出⑤。

【注释】

①《广陵耆老传》：作者及年代不详。当是记载广陵一地人物故实的书。

②晋元帝：即司马睿（276—323），字景文。西晋灭亡后，在王导等人拥立下即帝位，定都建康（今江苏南京），改元建武，自此史称东晋。

③鬻（yù）：卖。

④法曹：古代司法官署。亦指掌司法的官吏。絷（zhí）：拘禁，束缚。

⑤牖（yǒu）：窗户。

【译文】

《广陵耆老传》记载：晋元帝时有一老妇人，每天早晨独自提一器皿茶到集市上去卖，集市上的人竞相购买。从早到晚，那器皿中的茶也不减少。她把卖茶得的钱都分给路旁孤苦贫寒的人和乞丐，人们对她的行为感到奇怪。州中掌司法的官吏把她捆起来，关进监狱。到了夜里，老妇人手提卖茶的器皿，从监狱窗户中飞了出去。

《艺术传》①：敦煌人单道开，不畏寒暑，常服小石子。所服药有松、桂、蜜之气，所饮茶苏而已②。

【注释】

①《艺术传》：指房玄龄《晋书·艺术列传》。陆羽引文不是照录全文，在文字上略有出入。

②茶苏：用茶和紫苏做成的饮料。

【译文】

　　《晋书·艺术列传》记载：敦煌人单道开，不怕严寒和酷暑，经常服食小石子。所服的药有松、桂、蜜的香气，饮用的只是茶和紫苏做成的饮料罢了。

　　释道说《续名僧传》①：宋释法瑶，姓杨氏，河东人。元嘉中过江②，遇沈台真③，请真君武康小山寺④。年垂悬车⑤，饭所饮茶。大明中⑥，敕吴兴礼致上京⑦，年七十九。

【注释】

　　①释道说《续名僧传》：南朝梁僧宝唱曾撰《名僧传》，三十一卷，记梁以前历代名僧。《续名僧传》当为后人续宝唱之书。释道说，疑为"释道悦"之讹，道悦是隋末

　　唐阎立本《萧翼赚兰亭图》（局部）
　　这幅画据考证是现存最早表现唐代煮茶法的绘画。图中一位满面胡须的长者在风炉前左手执铛柄，右手持茶夹搅动茶汤。旁边童子弯身，双手捧着茶托、茶碗准备接煮好的茶，由茶铛倒入盏。《茶经》记载，唐时饮茶就已进入了人们的日常生活，"滂时浸俗，盛于国朝，两都并荆渝间，以为比屋之饮"。

唐初的著名僧人。

②元嘉：南朝宋文帝年号(424—453)。

③沈台真：即沈演之(397—449)，字台真。南朝宋吴兴武康(今浙江德清)人。家世为将。举秀才，为嘉兴令，有能名。元嘉十七年(440)，为右卫将军。文帝命与左卫将军范晔共掌禁旅，同参机密，加侍中。后告发晔等谋反，又赞同文帝伐林邑(今越南中南部)，为帝所信重，历任吏部尚书，领太子右卫率。

④武康小山寺：在今浙江德清。

⑤年垂悬车：汉班固《白虎通·致仕》："臣年七十，悬车致仕者，臣以执事趋走为职，七十阳道极，耳目不聪明，政踦之属，是以退老去，避贤者路，所以长廉远耻也。悬车，示不用也。致仕者，致其事于君。"古时以年七十告老还乡，居家悬车。此处指释法瑶的年龄。

⑥大明：南朝宋孝武帝年号(457—464)。

⑦上京：古代对国都的通称。

【译文】

释道悦《续名僧传》记载：南朝宋僧法瑶，本姓杨，河东人。元嘉年间过江，遇见了沈演之，请沈演之到武康小山寺。那时法瑶已年近七十，常以茶代饭。大明年间，皇上下诏让吴兴官吏隆重地把他送到京城，那时他七十九岁。

宋《江氏家传》①：江统，字应元，迁愍怀太子洗马②，尝上疏，谏云："今西园卖醯、面、蓝子、菜、茶之属③，亏败国体④。"

【注释】

①《江氏家传》：已佚。《隋书·经籍志》称七卷，江祚等撰；《旧唐书·经籍志》称七卷，江统撰；《新唐书·艺文志》称七卷，江饶撰。

②愍(mǐn)怀太子：即司马遹(278—300)，字熙祖，小字沙门。惠帝子，生前被立为太子，为贾后所杀。谥号"愍怀"。洗马：古代官名，即太子洗马。秦始置。汉时亦作"先马"。秦汉时为太子的侍从官，出行时为前导，故名。

③醯(xī)：醋。

④国体：国家或朝廷的体统、体面。

【译文】

宋《江氏家传》记载：江统，字应元，升任愍怀太子洗马，曾经上疏，谏道："现在西园卖醋、面、蓝子、菜、茶之类，有损朝廷体统。"

《宋录》①：新安王子鸾、豫章王子尚诣昙济道人于八公山②。道人设茶茗，子尚味之，曰："此甘露也，何言茶茗？"

【注释】

①《宋录》：《隋书·经籍志》未著录，《隋书·经籍志》著录有梁谢绰撰《宋拾遗》十卷，《旧唐书·经籍志》作《宋拾遗录》，未知是否即此书。

②昙济道人：晋宋之际的著名佛教徒。著有《六家七宗论》，对两晋时期佛教般若各学派均有评述。昙济曾在八公山东山寺住了很长时间。道人，泛指学道、修道之人。

【译文】

《宋录》记载：新安王刘子鸾、豫章王刘子尚到八公山拜访昙济道人。昙济道人设茶招待他们，刘子尚品尝后说："这是甘露，怎么能说是茶呢？"

王微《杂诗》①：寂寂掩高阁，寥寥空广厦。待君竟不归，收领今就槚②。

【注释】

①王微(415—443):字景玄,琅邪临沂(今属山东)人。少好学,善属文。工书画,兼解音律、医方、卜筮、数术之学。屡征不起。著有《文集》与《叙画》五篇。此处引诗为节录。

②收领:疑为"收颜"之误。就槚:有两种解释,一说去饮茶,一说去死。槚,楸树。因楸树常和松、柏一起种在坟墓前,故可代坟墓。此处取饮茶意。

品茶

【译文】

王微《杂诗》写道:静悄悄掩上高阁的门,冷清清的大厦空荡荡。久久等待随军的丈夫却迟迟不回来,只得强收泪颜孤独地去饮茶度日。

鲍照妹令晖著《香茗赋》。

【译文】

鲍照的妹妹鲍令晖写了篇《香茗赋》。

南齐世祖武皇帝遗诏①:我灵座上慎勿以牲为祭②,但设饼果、茶饮、干饭、酒脯而已③。

【注释】

①南齐世祖武皇帝遗诏:《南史·齐本纪》是如此记载的:"灵上慎勿以牲为祭。祭惟设饼、茶饮、干饭、酒脯而已。"文字与此处略有不同。遗诏,皇帝临终时所发的诏书。

②灵座:即灵位。指新丧既葬,供神主的几筵。

③酒脯:酒和干肉。后亦泛指酒肴。《周礼·秋官司寇·司盟》:"既盟,则为司盟共祈酒脯。"

【译文】

南齐世祖武皇帝的遗诏中称:我的灵位上切记不要杀牲作祭品,只须摆上饼果、茶饮、干饭、酒脯就可以了。

梁刘孝绰《谢晋安王饷米等启》①:传诏李孟孙宣教旨②,垂赐米、酒、瓜、笋、菹、脯、酢、茗八种③。气苾新城,味芳云松④;江潭抽节,迈昌荇之珍⑤;疆埸擢翘,越葺精之美⑥。羞非纯束野麏,裛似雪之驴⑦;鲊异陶瓶河鲤⑧,操如琼之粲⑨。茗同食粲,酢类望柑⑩。免千里宿舂,省三月种聚⑪。小人怀惠⑫,大懿难忘⑬。

【注释】

①刘孝绰(481—539):彭城(今江苏徐州)人。初为著作佐郎,后为秘书监。明人辑有《刘秘书集》。晋安王:即梁简文帝萧纲(503—551),字世缵,南兰陵(今江苏常州)人。梁武帝萧衍第三子。天监五年(506)受封为晋安王,中大通三年(531)被立为皇太子。太清三年(549),侯景作乱,梁武帝被囚饿死,萧纲即位。大宝二年(551)为侯景所害。著有《昭明太子传》《礼大义》《老子义》《庄子义》等。饷:馈赠。

②传诏:传达诏命的官员。教旨:上对下的告谕。

③垂赐:上对下的给予。菹(zū):酸菜,腌菜。酢(cù):同"醋"。

④气苾(bì)新城,味芳云松:米气味芳香,像新城米一样;酒芳香四溢,犹如松树高入云霄。苾,芳香。新城,今浙江富阳。

⑤江潭抽节,迈昌荇(xìng)之珍:此句形容笋、菹两种食物味美超过菖荇。江潭,江边。昌,通"菖"。即菖蒲。多年生水生草本,有香气。全草为提取芳香油、淀粉和纤维的原料。根茎亦可入药。荇,荇菜。多年生水生草本,嫩茎可食,全草入药。

⑥疆埸(yì)擢翘,越茸精之美:从田园里采摘最好的农作物,加倍的美味。疆埸,田边地界。大的叫疆,小的叫埸。擢,选拔,挑选。翘,出众,出挑。茸精,加倍的好。

⑦羞非纯(tún)束野麕(jūn),裹(yì)似雪之驴:送来的肉脯,虽然不是白茅包扎的獐鹿肉,却是包裹精美的雪白干肉脯。羞,珍馐。纯束,捆扎。《诗经·召南·野有死麕》:"野有死麕,白茅纯束。"麕,同"麇",獐子。裹,缠裹。

⑧鲊(zhǎ):盐腌的鱼。河鲤:黄河出产的鲤鱼,味道鲜美。

⑨操:拿,抓在手里。粲:古称上等的米。

⑩酢(cù)类望柑:馈赠的醋像看着柑橘就感到酸味一样的好。

⑪免千里宿舂,省三月种聚:这是刘孝绰总括地说赏赐的八种食物可以用好几个月,不必自己去筹措收集了。反向化用《庄子·逍遥游》"适百里者宿舂粮,适千里者三月聚粮"语意。宿舂,本指隔夜舂米备粮。后以"宿舂"指少量的粮食。

白釉莲托把杯

⑫怀惠:谓感念长上的恩惠。《论语·里仁》:"君子怀刑,小人怀惠。"

⑬懿(yì):美,善。

【译文】

梁刘孝绰《谢晋安王饷米等启》文中说:传诏官李孟孙宣示了您的告谕,赏赐给我米、酒、瓜、笋、腌菜、肉干、醋、茶等八种食品。米气味芳香像新城米一样,酒味飘香,犹如松树直上云霄;江边初生的竹笋,胜过菖蒲、荇菜之类的珍馐;田间挑选的瓜菜,超越上好的美味。虽然不是白茅包扎的獐鹿肉,却是包裹精美的雪白干肉脯;腌鱼比陶瓶养的黄河鲤鱼还要美味,大米如美玉般晶莹。茶叶也十分精良,醋像看着柑橘就感到酸味一样的好。有如此丰盛的食物可以食用很久,不用再筹措干粮了。我感念您给我的恩惠,您的大德我永生难忘。

　　陶弘景《杂录》^①:苦茶轻身换骨,昔丹丘子、黄山君服之。

【注释】

　　①《杂录》:《太平御览》卷八六七引作《新录》,其余不详。

【译文】

　　陶弘景《杂录》记载:苦茶能使人身体轻便,脱胎换骨,从前丹丘子、黄山君都饮用它。

　　《后魏录》^①:琅琊王肃仕南朝^②,好茗饮、莼羹^③。及还北地,又好羊肉、酪浆^④。人或问之:"茗何如酪?"肃曰:"茗不堪与酪为奴。"

【注释】

　　①《后魏录》:书名。不详,待考。

　　②南朝:420年东晋灭亡,刘宋取代东晋,在中国南方地区相继出现了宋、齐、梁、陈四个政权,史称"南朝"。

　　③莼(chún)羹:莼菜做的羹。莼,即莼菜。又名凫葵。多年生水草,叶片椭圆形,

浮水面。茎上和叶的背面有黏液。花暗红色,嫩叶可做汤菜。

④酪浆:牛、羊等动物的乳汁。

【译文】

《后魏录》记载:琅琊王肃在南朝做官时,喜欢饮茶,喝莼菜做的羹。等回到北方,又喜欢吃羊肉、喝羊奶。有人问他:"茶和奶酪比怎么样?"王肃说:"茶不能与奶酪相比,茶不配给奶酪做奴仆。"

《桐君录》①:西阳、武昌、庐江、晋陵好茗②,皆东人作清茗③。茗有饽,饮之宜人。凡可饮之物,皆多取其叶,天门冬、拔葜取根④,皆益人。又巴东别有真茗茶⑤,煎饮令人不眠。俗中多煮檀叶并大皂李作茶⑥,并冷。又南方有瓜芦木,亦似茗,至苦涩,取为屑茶饮,亦可通夜不眠。煮盐人但资此饮,而交、广最重⑦,客来先设,乃加以香芼辈⑧。

天门冬　　　　　　　　菝葜　　　　　　　　鼠李

【注释】

①《桐君录》：又名《桐君药录》《桐君采药录》，三卷，托名桐君撰。记述药用植物根、茎、叶、花、实之形色，花期果期，并观察叶之刺、根之汁、皮之纹理等细微鉴别点。桐君，传说为黄帝时医师。曾采药于浙江桐庐的东山，结庐桐树下。人问其姓名，则指桐树示意，遂被称为桐君。

②西阳：两晋南北朝时西阳郡，在今湖北黄冈。武昌：两晋南北朝时武昌郡，在今湖北鄂州。庐江：两晋南北朝时庐江郡，在今安徽舒城。晋陵：两晋南北朝时晋陵郡，在今江苏常州。

③东人：东家，主人。清茗：清茶。

④天门冬：多年生攀援草本。中医入药，有润肺止咳，养阴生津的功效。拔葜（qiā）：又名金刚根、王瓜草等。祛风湿，利尿，解毒。

⑤巴东：即巴东郡。东汉建安六年（201）改固陵郡置，治所在鱼复县（今重庆奉节东）。

⑥大皂李：即鼠李。木名。落叶灌木或小乔木。种子油作润滑油，果肉入药，解热、泻下、治瘰疬等。树皮和叶可提拷胶，树皮和果亦可作黄色染料，木材可制器具并可雕刻。

⑦交、广：交州和广州。交州，东汉建安八年（203）改交州刺史部置，治所在广信县（今广西梧州）。建安十五年（210）移治番禺县（今广东广州）。三国吴黄武五年（226）分为交、广二州，交州治龙编县（今越南河北仙游东）。

⑧香芼辈：各种香草佐料。

【译文】

《桐君录》记载：西阳、武昌、庐江、晋陵等地人都喜欢饮茶，主人家会用清茶招待客人。茶有汤花浮沫，喝了对人有好处。通常可作饮料的植物，大多采用它的叶子，而天门冬、拔葜却是用其根部，也对人有好处。此外，巴东地区有一种真正的茗茶，煎煮喝了使人睡不着觉。

还有习俗把檀木叶和大皂李叶煎煮当茶，两者都很清凉爽口。另外，南方有瓜芦树，外形很像茶，味道特别苦涩，磨成细末后当茶喝，也可以使人整夜不眠。煮盐的人全靠喝这种瓜芦饮料，交州和广州一带最喜欢这种茶饮，客人来了都先奉上，还要添加各种香草佐料。

明仇英《竹院品古》

　　此图描绘了文人雅士在竹院里品茗博古的场景。竹院以屏风隔离，屏风上有山水画及花鸟画。屏风内有三位文士围坐桌案前，桌案上放着卷轴、书函，两位文士正在鉴赏团扇册页。另外几张桌案及地上摆放着青铜器、瓷器等物，以备赏玩。屏风内四个童子或手持肩扛，还在源源不断地运送古物，另有两位侍女立于主人左右侍候。屏风后一个童子正手持蒲扇对风炉扇火烹茶，风炉旁几案上放着三个茶盏。

《坤元录》^①:辰州溆浦县西北三百五十里无射山^②,云蛮俗当吉庆之时^③,亲族集会歌舞于山上。山多茶树。

【注释】

①《坤元录》:《宋史·艺文志》记其为唐魏王李泰撰,共十卷。宋王应麟《玉海》卷十五认为此书"即《括地志》也,其书残缺,《通典》引之"。

②辰州:隋开皇九年(589)改武州置,治龙檦县(今湖南洪江市西北黔城镇),旋移治沅陵县(今属湖南)。以境内辰溪得名。无射山:无射,周景王时钟名,可能此山像钟而名。

③蛮俗:蛮地风俗。

【译文】

《坤元录》记载:辰州溆浦县西北三百五十里,有无射山,据说蛮地风俗,遇到喜庆的时候,同宗族的人聚会在山上歌舞。山上有很多茶树。

《括地图》^①:临遂县东一百四十里有茶溪^②。

【注释】

①《括地图》:著者不详,主要记载虚幻的地理博物传说,原书有图。

②临遂县:当作"临蒸县"。南宋王象之《舆地纪胜》卷五五引《括地志》:"临蒸县百余里有茶溪。"临蒸,今湖南衡阳。

【译文】

《括地图》记载:在临蒸县以东一百四十里有条茶溪。

山谦之《吴兴记》^①:乌程县西二十里有温山^②,出御荈^③。

【注释】

①《吴兴记》:南朝宋山谦之撰,一卷,已散佚。

②乌程县:今浙江湖州。温山:即今浙江湖州白雀乡与龙溪交界的弁山。唐颜真卿《石柱记》:"弁山有金井玉洞乳窦温泉。"因而得名温山。

③御荈:即温山御荈。晋及南北朝时湖州名茶。

【译文】

山谦之《吴兴记》:乌程县西二十里有温山,出产上贡的御茶。

《夷陵图经》①:黄牛、荆门、女观、望州等山②,茶茗出焉。

明文徵明《林榭煎茶图》

画中所绘临湖平缓的坡岸上有茅屋数间,竹篱围而成院,杂树环绕。房舍内主人凭窗远眺,一童正在室外烹茶。画面清晰,毫无城市的喧嚣,突出了品茗的环境以及文人悠闲、恬淡的生活情趣。

【注释】

①《夷陵图经》：一部关于夷陵地方的地理著作。夷陵，郡名。隋大业三年（607）改峡州置。

②黄牛：即黄牛山。一名黄牛峡。在今湖北宜昌西长江西陵峡中段南岸。北魏郦道元《水经注·江水》："江水又东径黄牛山。下有滩，名曰黄牛滩，南岸重岭叠起，最外高崖间有石，色如人负刀牵牛，人黑牛黄，成就分明。"荆门：即荆门山。在今湖北宜都西北长江南岸，与虎牙山隔江相对，为古代楚地要塞。《水经注·江水》："江水又东历荆门、虎牙之间。荆门在南，上合下开，暗彻山南。"女观：即女观山。在今湖北宜都西北。《水经注·江水》："夷道县……县北有女观山，厥处高显，回眺极目。古老传言，昔有思妇，夫官于蜀，屡衍秋期，登此山绝望，忧感而死，山木枯悴，鞠为童枯。乡人哀之，因名此山为女观焉。"望州：即望州山。在今湖北枝城西南。《水经注·夷水》："夷水……与丹水出西南望州山，山形竦峻，峰秀甚高。东北白岩壁立，西南小演通行。登其顶，平可有三亩许，上有故城，城中有水，登城望见一州之境，故名望州山。"

【译文】

《夷陵图经》记载：黄牛、荆门、女观、望州等山，都出产茶叶。

《永嘉图经》^①：永嘉县东三百里有白茶山。

【注释】

①《永嘉图经》：一部关于永嘉郡的地理著作。永嘉郡，东晋太宁元年（323）置，治所在永宁县（今浙江温州）。隋开皇中废。天宝元年（742）改温州为永嘉郡，治所在永嘉（今浙江温州），乾元元年（758）寻废。

【译文】

《永嘉图经》记载：永嘉县以东三百里有白茶山。

《淮阴图经》^①：山阳县南二十里有茶坡^②。

【注释】

①《淮阴图经》：一部关于淮阴地方的地理著作。

②山阳：江苏淮安的旧称。

【译文】

《淮阴图经》记载：山阳县以南二十里有茶坡。

《茶陵图经》云^①：茶陵者，所谓陵谷生茶茗焉。

【注释】

①《茶陵图经》：一部关于茶陵的
地理著作。茶陵，西汉置茶陵县，故
治在今湖南茶陵东北。晋因之，属荆
州湘东郡。隋省入湘潭，唐复置，属
衡州，移治今湖北茶陵。

【译文】

《茶陵图经》记载：茶陵，就是山陵峡
谷间生长着茶的意思。

《本草·木部》：茗，苦茶。味
甘苦，微寒，无毒。主瘘疮^①，利小
便，去痰渴热，令人少睡。秋采之
苦，主下气消食。注云："春采之。"

顾氏画谱之一

【注释】

①瘘（lòu）：瘘管，人体内因发生病变久则成脓而溃漏生成的管子。疮：疮疖，多发生溃疡。

【译文】

《本草·木部》记载：茗，就是苦茶。味甘苦，性微寒，没有毒性。主治瘘疮，能利尿，去痰，解渴，散热，使人减少睡眠。秋天采摘有苦味，能通气，助消化。原注说："春天采摘。"

《本草·菜部》：苦菜，一名茶，一名选，一名游冬①，生益州川谷山陵道旁②，凌冬不死③。三月三日采，干。注云："疑此即是今茶，一名茶，令人不眠。"《本草注》："按《诗》云'谁谓茶苦'④，又云'堇茶如饴'⑤，皆苦菜也。陶谓之苦茶，木类，非菜流。茗，春采谓之苦槎。途遐反。"

元黑釉盏

唐葵口浅底白瓷茶碗

【注释】

①游冬：一种苦菜。味苦，入药，生于秋末经冬春而成，故名。

②益州：西汉元封五年（前106）置，为十三州刺史部之一。王莽改为庸部。公

孙述改为司隶校尉。东汉复为益州,治所在雒县(今四川广汉北)。东汉以后辖境缩小。隋大业三年(607)改为蜀郡。唐武德元年(618)复为益州。

③凌冬:越冬,过冬。

④谁谓荼苦:《诗经·邶风·谷风》:"谁谓荼苦,其甘如荠。"大意为:谁说荼味儿太苦,比起我承受的苦涩,它就像荠菜一般甜。

⑤堇(jǐn)荼如饴:《诗经·大雅·绵》:"周原朊朊,堇荼如饴。"大意为:周的原野肥沃又宽广,堇菜、苦荼菜都长得发甜。堇,堇菜,野菜名,苦味。荼,苦菜。饴,用麦芽熬制的糖浆。

【译文】

《本草·菜部》记载:苦菜,又称为荼,又称为选,又称为游冬,生长在益州一带河谷、山陵和道路旁,经过冬天也不会冻死。三月三日采摘,焙干。陶弘景注:"这可能就是现在所称的茶,又称为荼,喝了使人不能入睡。"《本草注》云:"按《诗经》所说'谁谓荼苦',又说'堇荼如饴',指的都是苦菜。陶弘景所说的苦荼,是木本植物,不是菜类。茗,春季采称为苦㮦。㮦读音为途、遐的反切音。"

《枕中方》①:疗积年瘘,苦荼、蜈蚣并炙,令香熟,等分,捣筛,煮甘草汤洗,以末傅之。

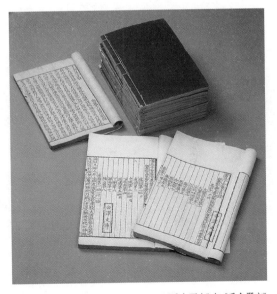

《千金要方》与《千金翼方》

【注释】

①《枕中方》:又称《神枕方》,

古代养生书。一卷,唐孙思邈撰。主要论修身养性、学道求仙之法,如自慎、禁忌、导引、行气、守一及饵药等。孙思邈(581—682),京兆华原(今陕西铜川)人。唐医药学家、道士,被后人尊称为"药王"。另著有《备急千金要方》《千金翼方》等。

【译文】

《枕中方》记载:治疗多年的瘘疾,把苦茶和蜈蚣一同烤炙,烤熟并发出香气,分成相等的两份,捣碎后过筛成末,另煮甘草水清洗患处,再用细末外敷。

《孺子方》①:疗小儿无故惊蹶②,以苦茶、葱须煮服之。

【注释】

①《孺子方》:小儿医书,具体不详。

②惊蹶:儿科常见急诊,临床多表现为肢体节律性运动和昏迷。

【译文】

《孺子方》记载:治疗小孩不明原因的惊蹶,用苦茶和葱须煎水服用。

【点评】

本章比较全面地收集了自上古到唐代以来的字书、医药书、史书、小说、诗文、地志、经方等各类书籍中有关茶事的资料四十八则,按其内容可分为医药、史料、诗词歌赋、神异、注释、地理和其他七类,大体上按朝代先后汇集和排列,这在当时实属不易。这些保存下来的茶文献资料能够让人看到中国茶文化的多姿多彩,对全面了解中国茶文化有着非常重要的意义。

医药类主要包括《神农食经》《凡将篇》《与兄子南兖州刺史演书》《食论》《食忌》《杂录》《本草纲目》《枕中方》和《孺子方》等九种文献中有关茶的记述。其中司马相如《凡将篇》直接将茶列为药物类,《枕中方》和《孺子方》将茶列为方药中的一味。《食忌》和《杂录》说茶能使人羽化及轻身换骨,这对茶的药用效果有些夸大,近乎神异了。真正论及茶的药用功

宣化辽墓壁画《出行图》

　　图中画一匹白马,马的前后及侧身站立五人。前为手持马鞭的驭者,侧身是扛伞、托帽、持衣的侍者,后为顶盘(盘上有茶水茗具)侍者,正在等候主人上马出行。

效的只有《神农食经》《与兄子南兖州刺史演书》《食论》《本草》四种文献,其主要功效为"令人有力,悦志""解愤闷""益意思""治瘘疾,利小便,去痰渴热,少睡"和"下气清食",与《一之源》中曾提到的茶具有的六种药用功效基本一致。

史料类包括《晏子春秋》《吴志·韦曜传》《晋中兴书》《晋书》《世说》《艺术传》《江氏家传》《续名僧传》《宋录》《后魏录》和《晋四王起事》等十一种文献,分别记述了晏婴与茗菜、孙皓赐茶代酒、陆纳以茶果待客、桓温以茶果宴客、任瞻问茶、单道开饮茶苏、法瑶饮茶、西园卖茶、昙济道人设茶茗、王肃好茗饮和黄门以瓦盂盛茶上惠帝等事迹。晏婴、陆纳、桓温以茶代饭及以茶待客都代表了其节俭的生活,这也正与《茶之煮》中"茶性俭"相呼应。明陈继儒《小窗幽记》记载:"热汤如沸,茶不胜酒;幽韵如茶,酒不胜茶。茶类隐,酒类侠。"巧妙比喻了茶与酒的关系。孙皓赐茶代酒,从而开辟了"以茶代酒"的先河,自此"以茶代酒"不仅成为了一种社会风尚,而且还是追求健康、传承文化的体现。魏晋时期,随着佛教在东土的传播,关于僧人饮茶也有了记载,如唐房玄龄等《晋书·艺术列传》曾记载敦煌人单道开在昭德寺修行时,每日饮茶苏一二升而已;释道悦《续名僧传》曾记载法瑶以茶代饭之事。唐冯贽《云仙杂记》:"觉林寺僧志崇制茶有三等:待客以惊雷荚,自奉以萱草带,供佛以紫茸香。"可见唐时寺庙,坐禅饮茶已经蔚然成风,以茶供佛也在寺院成为固定禅规。明乐纯《雪庵清史》开列了居士每日必须做的事,其中清课有焚香、煮茗、习静、寻僧、奉佛、参禅、说法、作佛事、翻经、忏悔、放生等等。把煮茗放到功课的第二位,足可看出禅门对茶的崇尚。

诗词歌赋类主要包括左思《娇女诗》、张孟阳《登成都楼诗》、孙楚《歌》、王微《杂诗》、鲍照妹令晖《香茗赋》等。

神异类主要包括《搜神记》《神异记》《续搜神记》《异苑》《广陵耆老传》等五种文献,分别记述了夏侯恺死后饮茶、虞洪以茶祭祀仙人获大茗、秦精采茗遇毛人、陈务妻以茶祭奠古墓、老姥卖茶等故事。其中虞洪以茶祭祀仙人获大茗与陈务妻以茶祭奠古墓,直接影响到唐代以后以茶祭神以及多种祭祀礼仪。宋朱熹《祭汪尚书文》:"从表侄宣教郎主管台州崇道观朱熹,谨以香茶清酌,致祭于近故端明殿学士尚书汪公之灵。"以茶致祭已被朱熹写入

清金农《玉川先生煎茶图》

图中卢仝头戴纱帽笼头坐于蕉林中,手执蒲扇对鼎烹茶,神态安闲。一赤脚老婢正用吊桶就泉中汲水,正应唐韩愈《寄卢仝》诗中"一婢赤脚老无齿"场景。

《家礼》之中了。

　　注释类包括从《尔雅》《方言》《尔雅注》《本草》四部书中摘录有关茶的名称的资料。

　　其他类包括《广雅》《司隶教》《食檄》、南齐世祖武皇帝萧赜遗诏、梁刘孝绰谢晋安王饷米等启、《桐君录》等六种文献，分别记述了有关茶事故实。

　　地理类包括《七诲》《坤元录》《括地图》《吴兴记》《夷陵图经》《永嘉图经》和《茶陵图经》等八种文献，介绍了南中，辰州溆浦县无射山，临遂县茶溪，乌程县温山，黄牛、荆门、女观、望州等山，永嘉县白茶山，山阳县茶坡，茶陵等产茶地。本章关于各个产茶地的记载，自然开启了"八之出"的篇章。

茶经

山南^①:以峡州上^②,峡州生远安、宜都、夷陵三县山谷^③。襄州、荆州次^④,襄州生南漳县山谷^⑤,荆州生江陵县山谷^⑥。衡州下^⑦,生衡山、茶陵二县山谷^⑧。金州、梁州又下^⑨。金州生西城、安康二县山谷^⑩。梁州生襄城、金牛二县山谷^⑪。

【注释】

①山南:即山南道。唐贞观十道之一,贞观元年(627)置,因在终南山(今秦岭)、太华山(今华山)之南而得名。辖境相当今四川、重庆嘉陵江流域以东,陕西秦岭、甘肃嶓冢山以南,河南伏牛山西南,湖北涢水以西,自重庆至湖南岳阳之间的长江以北地区。开元二十一年(733)分为山南东道、山南西道。

②峡州:一作硖州。北周武帝改拓州置,因扼三峡之口得名。今湖北宜昌。

③远安、宜都、夷陵三县:皆在今湖北宜昌。远安,即今远安县。宜都,即今宜都市。夷陵,即今夷陵区。

④襄州:西魏恭帝元年(554)改雍州置,治所在襄阳县(今湖北襄樊汉水南襄阳城)。《元和郡县图志》卷二一"襄州"条:"因州南襄水为名。"隋大业三年(607)改为襄阳郡。唐武德四年(621)复为襄州。天宝元年(742)改为襄阳郡。乾元元年(758)复为襄州。

⑤南漳县:西魏置重阳县,北周改重阳为思安县,隋开皇十八年(598)改为南漳县,以境内古南漳水(今漳水)得名。唐贞观八年(634)省南漳入义清。开元十八年(730)复置南漳县,属襄州。即今湖北南漳。

⑥江陵县:秦置江陵县。《大明一统志·湖广荆州府志名胜》:"近地无高山,所有皆陵阜之属,故名江陵。"又清光绪《荆州府志》称江陵"以地临江,故名"。秦汉为南郡治。唐、宋为江陵府治。即今湖北江陵。

⑦衡州:隋开皇九年(589)置,治所在衡阳县(今湖南衡阳),以衡山得名。大业初改为衡山郡。唐武德四年(621)复为衡州。天宝元年(742)改为衡阳郡,乾元元

年(758)复为衡州。

⑧衡山:即衡山县。唐天宝八年(749)改湘潭县置,属衡阳郡。治所在今湖南衡山县东。

⑨金州:唐武德年间改西城郡为金州,治西城县(今陕西西康)。天宝初改为安康郡,至德二年(757)改为汉南郡,乾元元年(758)复为金州。梁州:三国魏景元四年(263)分益州置,治所在沔阳县(今陕西勉县),其后治所屡有迁徙。隋大业三年(607)废,唐武德元年(618)复置。天宝元年(742)改为汉中郡,乾元元年(758)复

唐代茶区分布图(转载自吴觉农《茶经述评》,中国农业出版社 2005 年版)

为梁州,兴元元年(784)升为兴元府。

⑩西城、安康二县:皆在今陕西安康。西城,即今平利县。安康,即今汉阴县。

⑪褒城、金牛二县:皆在今陕西汉中。褒城,即今勉县之褒城镇。金牛,即今宁
强大安镇金牛驿村。

【译文】

山南道:以峡州所产的茶为上品,峡州茶产于远安、宜都、夷陵三县山谷中。襄州和荆州所产
的茶居其次,襄州茶产于南漳县山谷中,荆州茶产于江陵县山谷中。衡州所产的茶差一些,衡州茶
产于衡山、茶陵两县山谷中。金州和梁州所产的茶又差一些。金州茶产于西城、安康两县山谷中。
梁州茶产于褒城、金牛两县山谷中。

淮南^①:以光州上^②,生光山县黄头港者^③,与峡州同。义阳郡、舒州次^④,生义阳
县钟山者^⑤,与襄州同;舒州生太湖县潜山者^⑥,与荆州同。寿州下^⑦,盛唐县生霍山者^⑧,
与衡山同也。蕲州、黄州又下^⑨。蕲州生黄梅县山谷^⑩,黄州生麻城县山谷^⑪,并与金州、
梁州同也。

【注释】

①淮南:即淮南道。唐贞观十道、开元十五道之一。贞观元年(627)置,辖境相
当今淮河以南、长江以北,东至海,西至湖北广水、应城、汉川等地。开元二十一年
(733)置淮南道采访处置使,治所在扬州(今属江苏)。

②光州:南朝梁置,治所在光城县(今河南光山)。隋大业初改弋阳郡。唐武德
三年(620)复为光州,治所在光山县(今河南光山),太极元年(712)移治定城县(今
河南潢川)。

③光山县:光州属县。隋开皇十八年(598)置,治今河南光山。因县西北有浮
光山得名。

清冷枚《月下听泉烹茗图》
　　一轮明月倒映泉中，二人对坐石上，一小童正对风炉吹火烹茶。品茗听泉，别有一番风趣。

④义阳郡：隋大业三年（607）改文州为义阳郡。治所平阳县亦改为义阳县。唐初改为申州。天宝元年（742）复改义阳郡。乾元元年（758）又改为申州。舒州：唐武德四年（621）改同安郡置，治所在怀宁县（今安徽潜山）。天宝元年（742）复为同安郡。唐肃宗至德二年（757）改为盛唐郡，乾元元年（758）复为舒州。

⑤义阳县：隋开皇三年（583）改平阳县置，治今河南信阳南。为义阳郡治。钟山：山名。在今河南信阳东南。

⑥太湖县：唐属舒州。今安徽太湖县。潜山：又称皖山、皖公山、天柱山。在今安徽潜山市西北。

⑦寿州：隋开皇九年（589）置，治所在寿春县（今安徽寿县）。大业三年（607）改为淮南郡。唐武德三年（620）复为寿州。天宝元年（742）改为寿春郡，乾元元年（758）复为寿州。

⑧盛唐县：唐开元二十七年（739）改霍山县置，治今安徽六安。霍山：山名。即

今安徽霍山县西南天柱山。

⑨蕲(qí)州:南朝陈改罗州置,治所在齐昌县(今湖北蕲春西北罗州城)。隋大业三年改为蕲春郡。唐复改为蕲州。黄州:隋开皇五年(585)改衡州置,治南安县(今湖北黄冈北)。大业初改永安郡。唐初仍为黄州。天宝元年改为齐安郡。乾元元年仍为黄州。

⑩黄梅县:隋开皇初改永兴县为新蔡县,十八年(598)又改新蔡县为黄梅县。

图例

江北茶区
江南茶区
西南茶区
华南茶区

南海诸岛

中国茶区地图(转载自陈宗懋、杨亚军主编《中国茶经》,上海文化出版社2011年版)

唐沿之。《大明一统志》："黄州府黄梅山,在黄梅县西四十里。其山多梅,故名。隋以此山名县。"即今湖北黄梅。

⑪麻城县:隋开皇十八年改信安县置,属黄州。唐沿之。治所在今湖北麻城东。

【译文】

淮南道:以光州所产的茶为上品,产于光州光山县黄头港的茶与峡州茶品质相同。义阳郡、舒州所产的茶居其次,产于义阳县钟山的茶与襄州茶品质相同,舒州产于太湖县潜山的茶与荆州茶品质相同。寿州所产的茶差一些,产于盛唐县霍山的茶与衡山茶品质相同。蕲州、黄州所产的茶又差一些。蕲州的茶产于黄梅县山谷中,黄州的茶产于麻城县山谷中,均与金州、梁州所产茶的品质相同。

浙西①:以湖州上②,湖州生长城县顾渚山谷③,与峡州、光州同;生山桑、儒师二坞、白茅山、悬脚岭④,与襄州、荆州、义阳郡同;生凤亭山伏翼阁飞云、曲水二寺、啄木岭⑤,与寿州、常州同。生安吉、武康二县山谷⑥,与金州、梁州同。常州次⑦,常州义兴县生君山悬脚岭北峰下⑧,与荆州、义阳郡同;生圈岭善权寺、石亭山⑨,与舒州同。宣州、杭州、睦州、歙州下⑩,宣州生宣城县雅山⑪,与蕲州同;太平县生上睦、临睦⑫,与黄州同;杭州临安、於潜二县生天目山⑬,与舒州同。钱塘生天竺、灵隐二寺⑭,睦州生桐庐县山谷⑮,歙州生婺源山谷⑯,与衡州同。润州、苏州又下⑰。润州江宁县生傲山⑱,苏州长洲县生洞庭山⑲,与金州、蕲州、梁州同。

【注释】

①浙西:即浙江西道。唐方镇名。乾元元年(758)置浙江西道节度使,初治昇州(今江苏南京),后徙治苏州(今江苏苏州)。贞元后治润州(今江苏镇江),末年又移治杭州(今浙江杭州)。初期辖境包括今江苏、浙江、安徽、江西四省各一部分;贞元后确定为润、苏、常、杭、湖、睦六州,相当今江苏长江以南、茅山以东及浙江新安江以北地区。

②湖州：隋仁寿二年（602）置，治乌程县（今浙江湖州）。大业初废。唐武德四年（621）复置。

③长城县：西晋太康三年（282）分乌程县置，属吴兴郡。治所在富陂村（今浙江长兴县东）。《元和郡县图志》卷二五"长城县"条："昔阖闾使弟夫意居此，筑城狭而长，因以为名。"顾渚山：在今浙江长兴县西北顾渚村。自唐贞元以来，顾渚紫笋被列为贡茶，至明、清而经久不衰，今仍为全国名茶。

④山桑、儒师：地名，在顾渚山附近。唐皮日休《茶籝》诗："篾箬晓携去，蓦个山桑坞。"《茶人》诗："庭从掯子遮，果任獳师房。"白茅山：茅，同"茆"，即白茆山。（同治）《湖州府志》卷一九记其在浙江长兴县西北七十里。悬脚岭：山名，在今浙江长兴县西北。因以其岭脚下垂，故名。

⑤凤亭山：《嘉庆一统志》卷二八九："凤亭山，在长兴县西北四十里。陆羽曰茶生凤亭山伏翼阁者，味与寿州同，即此。"伏翼阁：《明一统志》卷四十："伏翼洞在长兴县西三十九里，洞中多产伏翼。"伏翼阁当在此处。飞云：飞云寺。《太平寰宇记》卷九四："飞云山在县西二十里，高三百五十尺。……宋元徽五年置飞云寺。"曲水：曲水寺。具体不详。唐刘商有《曲水寺枳实》诗："枳实绕僧房，攀枝置药囊。洞庭山上橘，霜落也应黄。"当指同一处。啄木岭：明徐献忠《吴兴掌故集》言其在长兴县西北六十里，山多啄木鸟。

⑥安吉县：东汉中平二年（185）分故鄣县南乡置安吉县。治今安吉县南孝丰镇。唐武德七年（624）并入长城县（今长兴县）。麟德元年（664）再置，属湖州。

⑦常州：隋开皇九年（589）改晋陵郡置，治所在常熟县（今江苏常熟西北）。《元和郡县图志》卷二五"常州"条："隋于常熟县置常州，因县为名。"后移治晋陵县（今江苏常州）。大业初改为毗陵郡。唐武德三年（620）复为常州。垂拱二年（686）又分晋陵县西界置武进县，同为州治。天宝初改为晋陵郡，乾元初复为常州。

⑧义兴县：隋开皇九年（589）改阳羡县置，治今江苏宜兴。君山：旧名荆南山。

即今江苏宜兴西南铜官山。《太平寰宇记》卷九二"宜兴县"条:"君山在县南二十里。旧名荆南山,在荆溪之南。故名。"

⑨善权寺:《江南通志》卷四五称善权寺在宜兴县南五十里,始建于南朝齐建元二年(480)。石亭山:明王世贞《石亭山居记》称石亭山在阳羡城南五里。

⑩宣州:隋开皇九年(589)改宣城郡置,治所在宛陵县(今安徽宣城)。大业初改为宣城郡。唐武德三年(620)复为宣州。天宝元年(742)改为宣城郡。乾元元年(758)复为宣州。杭州:隋开皇九年(589)置。初治余杭县(今浙江杭州余杭区西南余杭镇),后移治钱唐县(今浙江杭州)。大业初改余杭郡。唐武德四年(621)复置杭州,六年(623)废,七年(624)又置。天宝元年(742)又改余杭郡。乾元元年(758)复为杭州。睦州:隋仁寿三年(603)置,治所在新安县(今浙江淳安县西千岛湖威坪岛附近)。大业三年(607)改遂安郡,徙治雉山县(今浙江淳安西千岛湖南山岛附近)。

明李士达《西园雅集图》

　　通过刻画不同身份的人物在山林野外挥毫作画、吮笔构思、谈禅论道、抚琴遣闲等的生活场景,表现了他们闲暇舒适、无忧无虑的生活情趣。各生活场景之间以苍松、芭蕉、小桥、巨石等作自然分隔,又用僮仆、侍女的回首返顾使各生活场景之间相互呼应。画中最右侧一个僮仆正抱瓮汲水,以竹炉烹茶。

唐武德四年（621）复为睦州。七年（624）改为东睦州,八年（625）复改睦州。万岁通天二年（697）移治建德县（今浙江建德东北梅城镇）。天宝元年改为新定郡,乾元元年又复为睦州。歙(shè)州:隋开皇九年（589）置,治所在海宁县(今安徽休宁东万安镇)。大业三年（607）改为新安郡。隋末移治歙县(今安徽歙县)。唐武德四年（621）复为歙州,治所仍在歙县。天宝元年（742）改为新安郡。乾元元年（758）又改为歙州。

　⑪宣城县:隋大业初改宛陵县置,在今安徽宣城。雅山:一作鸦山。在今安徽宁国县境。《太平寰宇记》卷一〇三"宁国县"条:"鸦山出茶,尤为时贵。《茶经》云,味与蕲州同。"《舆地纪胜》卷一九"宁国府"条谓鸦山"在宁国县西北三十里"。《旧志》多沿此说,并称接广德界,不确。今宁国县西南方塘乡潘茶村有鸦坑山,西接高峰,产茶有名,当指此山。

宋徽宗《文会图》

　　描绘宋时文士会集宴饮吃茶、饮酒的场景。画中茶案上有茶和丰盛的茶点,文士围案而坐,侃侃而谈。茶案之后,又设一桌,上置香炉与琴。画面前方置一方几,内位侍者正在候汤、点茶、分茶和奉茶,各司其职。这幅画是宋徽宗对宋代点茶法和饮茶环境的真实写照。

⑫太平县:唐天宝十一载(752)析泾县置。即今安徽黄山太平县。上睦、临睦:唐太平县二地名。

⑬临安:唐垂拱四年(688)复置临安县,即今杭州临安。於潜:西汉置,治今浙江临安西於潜镇。天目山:一名浮玉山,即今浙江西北部天目山。呈东北—西南走向,为长江与钱塘江水系分水岭。《元和郡县图志》卷二五:天目山"有两峰,峰顶各一池,左右相对,名曰天目"。

⑭钱塘:南朝时改钱唐县置,隋开皇十年(590)为杭州治,大业初为余杭郡治,唐初复为杭州治,在今浙江杭州。天竺:即天竺寺。

在浙江杭州灵隐寺南面山中。有上、中、下三天竺寺之分。上天竺名法喜寺,中天竺名法净寺,下天竺名法镜寺。灵隐:即灵隐寺。在浙江杭州西湖西北灵隐山麓,因山得名。东晋咸和元年(326)印度僧人慧理始建。

⑮桐庐县:三国吴黄武五年(226)分富春县置,唐武德四年(621)为严州治,七年(624)州废,仍属睦州。开元二十六年(738)徙今桐庐县治。即今浙江桐庐。

⑯婺源:唐开元二十八年(740)析歙州休宁、饶州乐平县地置婺源县,属歙州。因地近婺水(今乐安河)之源而得名婺源。即今江西婺源。

⑰润州:隋开皇十五年(595)置,大业三年(607)废。唐武德三年(620)复置,治所在丹徒县(今江苏镇江)。天宝元年(742)改为丹阳郡。乾元元年(758)复为润州。苏州:隋开皇九年(589)改吴州置,治吴县(今江苏苏州)。以姑苏山得名。大业初复为吴州,后改吴郡。唐武德四年(621)又改苏州。

⑱江宁县:西晋太康二年(281)改临江县置,隋开皇十年(590)移治冶城(今江苏南京城内)。唐武德三年(620)改江宁为归化县,贞观九年(635)复为江宁县。乾元元年(758)于县置昇州。上元二年(761)州废,改江宁县为上元县,属润州。今江苏南京江宁。傲山:不详。

⑲长洲:唐武则天万岁通天元年(696)分吴县置,与吴县并为苏州治。治所即今江苏苏州。洞庭山:太湖中东洞庭山和西洞庭山的合称。洞庭东山,简称东山,古称胥母山。在江苏苏州吴中区西南太湖沿岸。西洞庭山,简称西山,古称包山。在江苏苏州吴中区西南太湖中。

【译文】

浙江西道:以湖州所产的茶为上品,湖州产于长城县顾渚山谷中的茶,与峡州、光州茶品质相同;产于山桑、儒师二坞、白茅山、悬脚岭的茶,与襄州、荆州、义阳郡的茶品质相同;产于凤亭山伏翼阁飞云、曲水二寺及啄木岭的茶,与寿州、常州茶品质相同。产于安吉、武康二县山谷的茶,与金州、梁州的茶品质相同。常州所产的茶居其次,常州产于义兴县君山悬脚岭北峰下的茶,与荆州、义阳郡的茶品质相同;产于圈岭善权寺、石亭山的茶,与舒州茶品质相同。宣州、杭州、睦州、歙州所产的茶差一些,宣州宣城县雅山产的茶,与蕲州茶品质相同;太平县上睦、临睦产的茶,与黄州茶品质相同;杭州临安、於潜二县天目山所产的茶,与舒州茶品质相同。钱塘县天竺、灵隐二寺所产的茶,睦州桐庐县山谷所产的茶,歙州婺源山谷所产的茶,与衡州茶品质相同。润州、苏州所产的茶又差一些。润州江宁县傲山所产的茶,苏州长洲县洞庭山所产的茶,与金州、蕲州、梁州茶品质相同。

剑南①:以彭州上②,生九陇县马鞍山、至德寺、棚口③,与襄州同。绵州、蜀州次④,绵州龙安县生松岭关⑤,与荆州同;其西昌、昌明、神泉县西山者并佳⑥;有过松岭者,不堪采。蜀州青城县生丈人山⑦,与绵州同。青城县有散茶、末茶⑧。邛州次⑨,雅州、泸州下⑩,雅州百丈山、名山⑪,泸州泸川者⑫,与金州同也。眉州、汉州又下⑬。眉州丹棱县生铁山者⑭,汉州绵竹县生竹山者⑮,与润州同。

【注释】

①剑南:即剑南道。唐贞观十道之一。贞观元年(627)置,辖境相当今四川大部,云南澜沧江、哀牢山以东及贵州北端、甘肃文县一带。

②彭州:唐垂拱二年(686)置,治所在九陇县(今四川彭州)。天宝元年(742)改为濛阳郡,乾元元年(758)复为彭州。

③九陇县:北周武成二年(560)改南晋寿县置,属九陇郡。治所在今四川彭州西北。隋属蜀郡。唐为彭州治,移治今四川彭州。马鞍山:南宋祝穆《方舆胜览》载彭州西有九陇山,其五曰走马陇,或即《茶经》所言马鞍山。至德寺:南宋祝穆《方舆胜览》载彭州有至德山,寺在山中。棚口:又作堋口,在唐宋时期以产茶闻名。五代毛文锡《茶谱》:"彭州有蒲村、堋口、灌口,其园名仙崖、石花等,其茶饼小而布嫩芽如六出花者尤妙。"

④绵州:隋开皇五年(585)改潼州置,治巴西县(今四川绵阳东)。大业初改为

金山郡。唐武德元年（618）复
为绵州。天宝元年（742）改为
巴西郡，乾元元年（758）复为
绵州。蜀州：唐垂拱二年（686）
析益州置，治所在晋原县（今四
川崇州）。天宝元年（742）改为
唐安郡。乾元元年（758）复为
蜀州。

⑤龙安县：唐武德三年
（620）置，属绵州。治所在今四
川安县东北。天宝初属巴西郡，
乾元初属绵州。松岭关：唐置，
属龙安县。在今四川北川县西
北。唐杜佑《通典》卷一七六
"龙安县"条：松岭关"在县西北
百七十里"。

⑥西昌：唐永淳元年（682）
改益昌县置，属绵州。治所在
今四川安县东南花荄镇。天宝
初属巴西郡，乾元初复属绵州。
昌明：唐先天元年（712）置，治
今四川江油南太平镇。属绵州。
神泉县：隋开皇六年（586）改
西充国县置，属绵州。治所在

清吕焕成《蕉阴品茗图》
　图中芭蕉树下，一官人坐石上持盏品茗，身前石案上放有三把茶壶及
茶盏等，中间一人手持茶壶似乎正欲与主人注茶。一童子坐地，手执蒲扇
正对风炉烧火煮水，风炉旁的石案上放着茶盘及茶盏。

今四川安县南塔水镇。大业初属金山郡。唐武德初属绵州,天宝初属巴西郡,乾元初属绵州。

⑦青城县:唐开元十八年(730)改清城县置,属蜀州。治所在今四川都江堰市东南徐渡乡杜家墩子。以青城山为名。天宝初属唐安郡,乾元初复属蜀州。丈人山:即青城山。在四川都江堰城区西南。因山形状如城郭得名。

⑧散茶:未压制成片、团的茶叶。末茶:即为加工后形成的茶类,是一种成品茶,宋代又称食茶。

⑨邛(qióng)州:南朝梁置,治所在蒲口顿(在今四川邛崃东南)。隋大业二年(606)废。唐武德元年(618)复置。显庆二年(657)移治临邛县(今四川邛崃)。天宝元年(742)改为临邛郡,乾元元年(758)复为邛州。

⑩雅州:隋仁寿四年(604)置,大业三年(607)改为临邛郡。唐武德元年(618)复改雅州。治所严道县(今四川雅安西)。天宝元年(742)改为卢山郡,乾元元年(758)复改为雅州。泸州:南朝梁大同中置,隋改为泸川郡。唐武德元年(618)复为泸州,治泸川县(今四川泸州)。

⑪百丈山:在今四川名山县东北。《旧唐书·地理志》:"百丈县有百丈山。"《太平寰宇记》卷七七"百丈县"条:"《图经》云:有一穴口,方圆一百尺,深百丈。即汉王阳为益州刺史,行部至此兴叹,因之弃官。唐武德元年置百丈镇。"名山:一名蒙山、鸡栋山。在今四川名山县西。《元和郡县图志》卷三二载"名山在名山县西北一十里"。

⑫泸川:隋大业元年(605)改江阳县置,为泸州治。大业三年(607)为泸川郡治。唐武德元年(618)为泸州治。治所在今四川泸州。

⑬眉州:西魏废帝二年(553)平蜀,次年改青州为眉州,治通义县(今四川眉山)。隋大业初废。唐武德二年(619)复置。天宝、乾元时曾改通义郡。汉州:唐垂拱二年(686)分益州置,治所在雒县(今四川广汉)。天宝元年(742)改为德阳郡,乾元元年(758)复改为汉州。

⑭丹棱县：隋开皇十三年（593）改洪雅县置，属嘉州。唐武德二年（619）属眉州。治所在今四川丹棱。铁山：即铁桶山。在今四川丹棱东南。

⑮绵竹县：隋大业二年（606）改孝水县置，属蜀郡。唐属汉州，治今四川绵竹。竹山：即绵竹山，又称紫岩山。在今四川绵竹西北。

【译文】

剑南道：以彭州所产的茶为上品，产于九陇县马鞍山、至德寺、棚口的茶，与襄州茶品质相同。绵州、蜀州所产的茶居其次，产于绵州龙安县松岭关的茶，与荆州茶品质相同；产于西昌、昌明、神泉县西山的茶都比较好；过了松岭的茶就不值得采制了。产于蜀州青城县丈人山的茶，与绵州茶品质相同。青城县有散茶、末茶。邛州所产的茶又其次，雅州、泸州所产的茶差一些，产于雅州百丈山、名山及泸州泸川的茶，

蒙顶山茶

与金州茶品质相同。眉州、汉州所产的茶又差一些。产于眉州丹棱县铁山及汉州绵竹县竹山的茶，与润州茶品质相同。

浙东①：以越州上②，余姚县生瀑布泉岭曰仙茗③，大者殊异，小者与襄州同。明州、婺州次④，明州鄮县生榆荚村⑤，婺州东阳县东白山⑥，与荆州同。台州下⑦。台州始丰县生赤城者⑧，与歙州同。

西湖龙井茶生产基地　丁珊拍摄

【注释】

①浙东:唐方镇名。乾元元年(758)置浙江东道节度使,治越州(今浙江绍兴)。长期领有越、衢、婺、温、台、明、处七州,约今浙江衢江流域、浦阳江流域以东地区。

②越州:隋大业元年(605)改吴州置,治所在会稽县(今浙江绍兴)。大业三年(607)改为会稽郡。唐武德四年(621)复改越州,天宝、至德间又改会稽郡。乾元元年(758)复改越州。

③余姚县:西汉置,治今浙江余姚市余姚镇。属会稽郡。隋开皇九年(589)并入句章县。唐武德四年(621)复置,属越州。

④明州：唐开元二十六年（738）分越州置，治所在屍县（今浙江鄞县西南鄞江镇）。天宝元年（742）更名余姚郡，乾元元年（758）复为明州。长庆元年（821）迁治今宁波。婺州：隋开皇九年（589）分吴州置，治所在吴宁县（今浙江金华）。大业初改为东阳郡。唐武德四年（621）复置婺州。天宝元年（742）又改东阳郡，乾元元年（758）复为婺州。

⑤贸县：唐属明州，为明州治，五代梁开平二年（908）改称鄞县。在今浙江宁波南。

⑥东阳县：唐垂拱二年（686）析义乌县置，治今浙江东阳吴宁镇。属婺州。东白山：《嘉庆一统志》卷二九九：“东白山，在东阳县东北八十里……亦名太白山。”唐李肇《唐国史补》卷下记载唐时名茶称：“婺州有东白。”

⑦台州：唐武德五年（622）改海州置，天宝元年（742）改临海郡，治所在临海县（今浙江临海）。乾元元年（758）复改台州。

⑧始丰县：本始平县，晋太康元年（280）因与雍州始平县重名，改为始丰县，治今浙江天台县。属临海郡。隋废。唐武德四年（621）复置，八年废。贞观八年（634）又置，属台州。上元二年（675）改为唐兴县。赤城：浙江台州（今浙江临海）的别称。因境内赤城山而得名。南宋陈耆卿撰《嘉定赤城志》，即以此名台州。

【译文】

浙江东道：以越州所产的茶为上品，产于余姚县

产自杭州的西湖龙井茶　丁珊拍摄

瀑布泉岭的茶称为仙茗,大叶茶非常特殊,小叶茶与襄州茶品质相同。明州、婺州所产的茶居其次,产于明州贸县榆荚村的茶,产于婺州东阳县东白山的茶与荆州茶品质相同。台州所产的茶差一些。产于台州始丰县赤城的茶与歙州茶品质相同。

黔中①:生思州、播州、费州、夷州②。

【注释】

①黔中:即黔中道。唐开元二十一年(733)分江南道西部置,为开元十五道之一。治所在黔州(今重庆彭水苗族土家族自治县)。辖境相当今湖北清江中上游、湖南沅江上游,贵州桐梓、金沙、毕节、晴隆等地以东,重庆綦江、彭水、黔江与广西西林、凌云、东兰、南丹等地。

②思州:唐贞观四年(630)改务州置,治所在务川县(今贵州沿河土家族自治县东北)。天宝元年(742)改为安夷郡,乾元元年(758)复改为思州。播州:唐贞观十三年(639)置,治所在恭水县(今贵州遵义,一说在今贵州绥阳县城附近)。费州:北周宣政元年(578)置,治所即今贵州思南县。唐贞观十一年(637)移涪川县于此,为费州治。天宝初改为涪川郡,乾元初复为费州。夷州:唐武德四年(621)置,贞观元年(627)废。贞观四年(630)复置,移治都上县(今贵州凤冈东南)。十一年(637)移治绥阳县(今贵州凤冈北绥阳镇)。

【译文】

黔中道:茶出产于思州、播州、费州、夷州。

江南①:生鄂州、袁州、吉州②。

【注释】

①江南：即江南道。唐贞观十道之一。唐贞观元年（627）置，因在长江之南，故名。辖境相当今浙江、福建、江西、湖南等省及江苏、安徽长江以南，湖北、四川长江以南一部分和贵州东北部地区。开元二十一年（733）分为江南东道、江南西道和黔中道。此指江南西道，唐开元十五道之一。江南西道辖原江南道中部之地，治所在洪州（今江西南昌）。辖境约当今江西、湖南（沅陵以南的沅水流域除外），安徽南部及湖北东部的江南地区及广东连州、阳山与连南壮族瑶族自治县等地。

②鄂州：隋开皇九年（589）改郢州置，治江夏县（今湖北武汉武昌）。取鄂渚为名。袁州：隋开皇十一年（591）置，治所即今江西宜春。大业初改为宜春郡。唐武德四年（621）复为袁州，并以宜春县（今江西宜春）为州治。天宝元年（742）改为宜春郡，乾元元年（758）复为袁州。吉州：隋开皇中改庐陵郡置，治所在庐陵县（今江西吉水县北）。大业初复为庐陵郡。唐武德五年（622）改为吉州。永淳元年（682）与县治庐陵县同徙治今江西吉安。天宝元年（742）改为庐陵郡，乾元元年（758）复为吉州。

【译文】

江南道：茶出产于鄂州、袁州、吉州。

岭南①：生福州、建州、韶州、象州②。福州生闽县方山之阴也③。

【注释】

①岭南：即岭南道。唐贞观十道、开元十五道之一。以在五岭之南得名。贞观元年（627）置。开元时治广州（今广东广州）。辖境约当今广东、广西壮族自治区大部、云南南盘江以南及越南北部地区。

②福州：唐开元十三年（725）改闽州置，治闽县（今福建福州）。建州：唐武德四年（621）置，治所在建安县（今福建建瓯）。天宝元年（742）改为建安郡，乾元元年

明文徵明《玉川图》
　　描绘了玉川子卢全故里品茶意境。画中左上为高山瀑布,右上为远山帆影,画中林间有茅屋数椽,屋内二人对坐,一童子备茶,山间有两人结伴而来,似为访友。

（758）复名建州。韶州：隋开皇九年（589）改东衡州置，开皇十一年（591）废。唐贞观元年（627）复改东衡州置，治所在曲江县（在今广东韶关西）。天宝元年（742）改为始兴郡，乾元元年（758）复为韶州。象州：隋开皇十一年（591）置，大业二年（606）废。唐武德四年（621）复置，治所在武德县（今广西象州西北），贞观十三年（639）徙治武化县（在广西象州东北）。天宝元年（742）改为象山郡，乾元元年（758）复为象州。

　　③闽县：隋开皇十二年（592）改原丰县置，为泉州治。治所即今福建福州。大业三年（607）为建安郡治。唐武德六年（623）仍为泉州治。景云二年（711）改为闽州治。开元十三年（725）改为福州治。天宝元年（742）改为长乐郡治，乾元元年（758）复为福州治。贞元五年（789）与侯官县同为福州治。方山：即今福建五虎山。因由福州南望，端方如几，故又名"方山"。

【译文】
　　岭南道：茶出产于福州、建州、韶州、象州。福州茶产于闽县方山的北坡。

其思、播、费、夷、鄂、袁、吉、福、建、韶、象十一州未详,往往得之,其味极佳。

【译文】

有关思州、播州、费州、夷州、鄂州、袁州、吉州、福州、建州、韶州、象州十一个地区产茶情况不是很清楚,常常能够得到一些茶叶,味道非常好。

【点评】

本章论述了唐代全国名茶产地,但陆羽的论述并不完整,因为野生茶树的原产地云南就没有列入。据《茶经》所列,唐代产茶地共有山南、淮南、浙西、剑南、浙东、黔中、江南、岭南等八个道、四十三个州郡、四十四个县。

其中山南、江南、淮南、剑南、岭南五道为唐太宗贞观元年(627)所设十道之名,黔中为开元二十一年(733)唐玄宗所设开元十五道之名,浙西、浙东不在贞观十道和开元十五道之列,而是采用唐乾元元年(758)所置浙江

明佚名《煮茶问道图》

画中一老一少相对而坐,年少者双手捧紫砂壶,仰头向年长者似正在发问;年长者右手抚下颏,面色和善,似在作答。年长者身后长凳上花瓶内插有玉兰数枝,画面左下角风炉上搁着东坡提梁壶烧水,旁边放置蒲扇。真实再现煮茶问道的场景。

西道和浙江东道方镇名,这两个方镇原属江南道。这八道遍及现今湖北、湖南、陕西、河南、安徽、浙江、江苏、四川、重庆、贵州、江西、福建、广东、广西等十四个省市,基本与现今中国产茶地一致(云南除外,当时属南诏国),由此可见唐代茶叶的生产区域已非常之广。日本学者布目潮沨先生考证《茶经·八之出》所列产茶州县地名均为758—761年所改,因此推断《茶经》初稿形成于761年以前。

陆羽对山南、淮南、浙西、浙东、剑南五道,不仅详细列出产茶州名、县名或地名,还把茶叶品质分为"上、次、下、又下"四个等级进行评价。陆羽在《一之源》中曾将选用茶叶的困难与选用人参相比,当时也把人参分为四等,认为上等产于上党,中等产于百济、新罗,下等产于高丽,产于泽州、易州、幽州、檀州的为等外。这些地方大概是陆羽实地考察以及亲身体验的地区。从茶叶产区小注文中可以看到,陆羽对于湖州、常州描述较为详细。唐代宗大历二年(767)至三年(768)间,陆羽常在常州义兴县(今江苏宜兴)君山一带访茶品泉,建议常州刺史李栖筠上贡阳羡茶。大历七年(772),颜真卿任湖州刺史,由此湖州文坛饮茶吟诗等茶事活动达到了高潮。大历八年(773)三月,陆羽应颜真卿之邀重修《韵海镜源》,在此期间陆羽接触到大量新的文献资料,有助于补充修订《茶经》中关于历史、文学、医药、人物等相关的资料。直至大历十二年(777),颜真卿离任湖州,陆羽才又开始了新的游历生活。

建中三年(782),陆羽移居江西。贞元五年(789)后,陆羽入岭南节度使李复幕府担任幕僚。陆羽对黔中、江南、岭南三道十一州茶叶产区没有详细介绍,只列产茶州名,记"未详""往往得之,其味极佳",茶也未分等级。由此推测陆羽在写作此书时,还未曾到过并进行实地考察。熟悉就详细记载,不熟就记"未详",这也再次体现陆羽客观诚实的科学态度。

本章除了论述唐代茶叶产地和各地不同茶叶的品质外,还包含了陆羽考察茶事以及撰写《茶经》的一些信息,在研读《茶经》时当有意想不到的收获。

茶经

卷下

九之略

其造具：若方春禁火之时^①，于野寺山园丛手而掇^②，乃蒸，乃舂，乃拍，以火干之，则棨、扑、焙、贯、棚、穿、育等七事皆废。

【注释】

①禁火：旧俗寒食停炊称"禁火"。南朝梁宗懔《荆楚岁时记》："去冬节一百五日即有疾风甚雨，谓之寒食，禁火三日。"

②丛手而掇：众人一起采摘茶叶。

【译文】

造茶的工具：如果正当春季寒食节禁火时，在野外寺院或山林茶园，众人一起采摘茶叶，当即就地蒸熟，捣碎，拍打，用火烘干，那么，棨、扑、焙、贯、棚、穿、育等七种工具就可以省掉了。

其煮器：若松间石上可坐，则具列废。用槁薪、鼎𨰼之属，则风炉、灰承、炭挝、火䇲、交床等废。若瞰泉临涧^①，则水方、涤方、漉水囊废。若五人已下，茶可末而精者，则罗废。若援藟跻岩^②，引𦆯入洞^③，于山口炙而末之，或纸包、盒贮，则碾、拂末等废。既瓢、碗、䇲、札、熟盂、鹾簋悉以一筥盛之，则都篮废。但城邑之中，王公之门，二十四器阙一，则茶废矣。

苦节君

【注释】

①瞰泉临涧：靠近泉水临近溪涧。

②援藟(lěi)跻(jī)岩:攀援着藤蔓登上山岩。藟,藤。跻,登,升。

③引絚(gēng)入洞:拉着大绳索进入山洞。絚,粗绳索。

【译文】

煮茶用具:如果在松林间有石可放置茶具,那么具列就可以不用。如果用干柴、鼎锅之类烧水,那么风炉、灰承、炭挝、火筴、交床等等都可不用。如果靠近泉水临近溪涧,那么水方、涤方、漉水囊也可以不用。如果是五人以下出游,茶又可研磨得比较精细,那就不必用罗筛了。倘若攀援着藤蔓登上山岩,或拉着粗绳索进入山洞,便先在山口把茶烤好研细,或用纸包、盒子装好,那么碾、拂末也可以不用。如果瓢、碗、火筴、札、熟盂、鹾簋等都放在一个笤内,都篮也可以不用。但是,在城市之中,王公贵族之家,如果二十四种煮茶器皿中缺少一样,茶道就废了。

【点评】

本章论述了在一定条件下怎样省略茶叶采制工具和饮茶用具。在《二之具》中,列有采制饼茶的工具十九种;《四之器》中列有煮茶和饮茶的用具二十八种(把都篮除外,风炉和灰承合为一种,碾和拂末合为一种,鹾簋和揭合为一种,即为《九之略》中所说的二十四器)。陆羽认为,在一定的条件下,有的工具和器皿是可以省略的。

"其造具:若方春禁火之时,……则棨、扑、焙、贯、棚、穿、育等七事皆废。"如果正当春季寒食节禁火前后,在野外寺院或山林茶园,众人一起采摘茶叶,当即就地蒸熟,捣碎,用火烘干,那么,棨、扑、焙、贯、棚、穿、育等七种工具就可以省掉了。

在松间石上,则省具列;用干柴鼎锅烧水,则省风炉、灰承、炭挝、火筴和交床;若临近泉水,则省水方、涤方和漉水囊;人少而茶末精可省罗;如果在山岩或山洞,提前把茶烤好研细,则省碾和拂末。在本章所述的全部条件下,瓢、碗、竹筴、札、熟盂、鹾簋等器具都用笤装,连都篮也可以省去。

陆羽虽为隐士,却常常心系庙堂,有匡时济世的向往和抱负。陆羽所提出采茶、制茶、饮茶用具的规范化,是对身处庙堂之上的人们而言的。对于身处山林之中者,则讲究运用茶

南宋刘松年《斗茶图》
　　该画描绘的是民间斗茶情景：四个茶贩在树荫下歇息。每个茶贩都有一套装备齐全的茶担挑子，茶、盏、壶、水一应俱全。画中四人，二人已捧茶在手，一人正在提壶倒茶，另一人正扇炉烹茶。画中人物神态安祥，神情专注，可见对斗茶之重视。

具的灵活性,器具足用即可。从本章中可以看到陆羽对现采、现制、现煮、现饮的热爱,也可看到在松间、岩上、洞中高雅之士的饮茶风尚。

陆羽最后以"但城邑之中,王公之门,二十四器阙一,则茶废矣"的文字,强调城市之中,王公贵族之家,如果二十四种煮茶器皿缺少一样,这样茶道就废了。王公贵族整套茶具的缺一不可与闲云野鹤的种种省略器具形成巨大的反差。

茶经

卷 下

十之图

以绢素或四幅或六幅①，分布写之，陈诸座隅②，则茶之源、之具、之造、之器、之煮、之饮、之事、之出、之略，目击而存③，于是《茶经》之始终备焉。

【注释】

①以绢素或四幅或六幅：此处的图写张挂，不是专门有图，而是指把《茶经》本文写在素绢上挂起来。《四库全书提要》说："其曰图者，乃谓统上九类写绢素张之，非有别图。其类十，其文实九也。"绢素，未曾染色的白绢。

②座隅：座位的旁边。隅，角落。

③目击：此处作看见。俗语有"目击者"。击，接触。

【译文】

把《茶经》的内容用白绢四幅或六幅分别写出来，张挂在座位旁边，这样，茶的起源、采制工具、制茶之法、煮饮器具、煮茶之法、饮茶之法、茶事历史、产地以及茶具的省略方式等，便随时都可以看到，记在心里，于是《茶经》从头至尾的内容就真正完备了。

南宋刘松年《博古图》

在松林中，几个文人正在鉴赏古玩。鉴赏者神态各异，或仔细端详，或欣然有所悟，或若有所思。远处有侍女正在扇火烹茶。作者用简单的线条勾勒，着重松柏与人物之间强烈的明暗对比，给人一种清新出尘之感。

【点评】

　　本章要求将全书内容分幅在白绢上写录下来,以方便张挂在室内观看。"陈诸座隅""目击而存",这样茶的起源、采制工具、制茶之法、煮饮器具、煮茶之法、饮茶之法、茶事历史、产地以及茶具的省略方式等,便随时都可以看到,记在心里。这样在制茶和品饮时便可得心应手。陆羽提出此要求,表明了他对《茶经》一书的自信与期待。

　　陆羽《茶经》的问世,对中国后世茶学影响至深。自陆羽《茶经》之后,茶学专著也随之涌现,较为著名的有五代毛文锡《茶谱》、宋蔡襄《茶录》、宋赵佶《大观茶论》、明朱权《茶谱》等,与《茶经》同名或相似的则有宋周绛《补茶经》、明真清《茶经外集》、明孙大绶《茶经外集》、明张谦德《茶经》以及清陆廷灿《续茶经》等,这些茶书又进一步推动了中国茶文化的发展,进而影响了日本茶道、韩国茶礼以及东南亚与欧美的茶文化,更使茶叶成为世界三大无酒精饮料之一。由此可知,陆羽对《茶经》的自信是有理有据的,并且事实证明他的期待也已经实现。